가족 쇼크

가족 쇼크

한집에
산다고
가족일까?

EBS 미디어 기획 | EBS 〈가족 쇼크〉 제작팀 지음 | 이현주 글

윌북

대한민국의 가족은 아프다

'가족'이라는 말과 함께 떠오르는 당신 안의 단어들은 어떤 것인가? 따뜻함이나 그리움처럼 긍정적인 것들도 있겠지만 상처나 폭력 같은 부정적인 단어도 있을 것이다. 가족에는 세상 어떤 곳보다 안전한 보호처이자 마지막 피난처라는 이미지와 함께 타인이 침범할 수 없는 고립되고 소외된 곳이라는 이미지가 공존한다. 후자의 이미지가 먼저 떠올랐다고 해서 죄책감을 가질 필요는 없다. 본래 가족은 그렇게 생겼다.

가족을 둘러싸고 벌어지는 수많은 사건과 사고들, 이전과 달라진 다양한 가족의 형태는 모두 그 양면성에서 나온다. 현상만

보는 사람들은 달라진 가족의 모습을 보며 가족이 붕괴하고 있다느니, 해체되고 있다느니 하는 우려 섞인 진단을 한다. 하지만 가족은 사회적 산물이기에 사회가 변화하면 당연히 달라진다. 시대의 변화와 무관한 불변의 절대적 개념이 아니다.

가족은 인류의 역사만큼이나 오래된 제도다. 그동안 그 형태나 범위에서 수많은 변화를 겪어왔다. 우리가 가족의 일반적인 모습으로 떠올리는 부모와 미혼의 자녀로 이루어진 가정은 산업화와 도시화의 결과로 1980년대에야 비로소 나타난 형태다. 1980년 한국 사람의 절반은 5인 이상으로 구성되어 있는 가구의 구성원이었다. 자녀가 없는 2인 가구는 5인 이상 가구의 5분의 1 정도, 혼자 사는 1인 가구는 전체 가구의 4.8퍼센트에 불과했다.

그러나 급격한 노령화, 저출산과 도시화, 국제화는 오늘날의 가족 형태를 극단적일 만큼 빠른 속도로 변화시켰다. 1인 가구의 급격한 증가가 대표적이다. 30년 후에는 1인 가구가 가족의 일반적인 형태가 될 만큼 많아질 것이라는 예측도 있다. 대부분 미혼 남녀일 것이라 생각하는 1인 가족에는 의외로 홀로 사는 노인들의 비중이 크다. 고독사가 가족 문제의 하나로 거론되는 이유다. 노령화 사회의 그늘인 셈이다.

가족 안팎의 변화로 끊임없이 흔들리면서도 가족이 사라지지 않는 이유는 그것의 본원적 역할이 인간에게 꼭 필요하기 때문이다. 심리적으로는 친밀감과 소속감의 근원으로, 기능적으로는 위험으로부터의 보호와 사회의 재생산을 위해서 말이다. 이 책은 변화하는 사회 속에서도 가족이 여전히 가지고 있는 근본적인 가치와 의미를 다시 돌아보고 가족이 가족으로 제대로 살아가는 법을 찾으려 한다.

지난 2014년 11월부터 12월까지 방영 내내 화제를 모았던 EBS 특별기획 〈가족 쇼크〉가 이 책의 근간이 되었다. 총 9부작으로 방영되었던 다큐멘터리는 부모와 자녀 사이의 소통 문제부터 고독사, 이주 노동자의 가족 문제 등 현실적인 가족 이야기를 다룬다. 한편으로는 가족의 조건을 묻는 가족 실험, 프랑스 육아의 핵심, 모계 사회인 키리위나의 현재 모습을 통해 시대, 장소와 상관없이 통용되는 가족의 가치에 대해서 되묻는다. 특히 명쾌한 실험과 풍부한 개별 구성원들의 이야기를 통해 보편적인 공감을 이끌어내며 가족의 핵심 가치를 짚어냈다.

이 책은 모두 4부로 구성되었다. 1부와 2부는 가족의 개인적인 측면을 다룬다. 아무리 가족의 형태가 바뀌었다고 하더라도 가족의 기본은 부모와 자녀로 구성된다. '가족의 건축가'라고 할 수 있는 부모가 가족을 어떻게 인식하고 자녀와의 관계를 어떻게 만들고 있는지 집중적으로 살펴본다. 특히 1부에서는 우리나라의 오랜 가부장 문화와 현대 사회의 경쟁 문화, 불안정한 사회 안전망이 만들어낸 불안이 자녀들과의 관계를 어떻게 왜곡하는지 여러 가정의 사례를 통해 들여다본다. 그리고 부모와 자녀의 관계가 우리와 완전히 다른 프랑스 가족들의 사례를 통해서 부모가 자녀를 어떻게 인식하는가에 따라 어떻게 양육법이 달라지는지, 그것이 장기적으로 아이의 삶과 사회 전체에 어떤 영향을 미치는지 살펴본다. 아이를 부모의 대리물이나 책임져야 할 대상이 아닌 부모와 똑같이 존중받아야 할 하나의 독립된 인격체로 보는 프랑스 육아는 가족을 서로 책임지는 종속 관계가 아닌 개인들의 공동체로 재인식하게 만든다.

가족의 상실은 인간이 겪는 가장 큰 아픔 가운데 하나다. 2부는 가족의 상실을 통해 가족의 한시성을 깨닫고 구성원이 서로에게 과연 무엇을 해야 하는지, 아니 겨우 무엇을 할 수 있는지 돌아보게 한다. 2014년 한국 사회를 비탄에 빠지게 한 세월호 참사로 아이를 잃은 부모들과 삶의 마지막을 앞둔 호스피스 병동의 환자 가족들을 통해 가족이 곁에 있을 때 무조건적이고 존재론적인 사랑을 베푸는 것, 서로를 잃더라도 남아 있는 사람이 오래도록 기억하는 것만이 가족이 서로에게 해야 할 유일한 일이라는 깨달음을 전한다.

1, 2부가 가족의 개인적인 측면에 초점을 두었다면 3부와 4부는 가족이 속한 사회 기능에 대한 고찰이다. 3부에서는 고독사 문제와 1인 가족의 연대 가능성을 살핌으로써 가족 단위가 아닌 개인 단위로 달라진 세상을 살아가는 문제에 대해 생각한다. 특히 1인 세대 8명이 참여한 '식구 실험'은 앞으로 점점 더 사회의

다수를 차지하게 될 1인 가족의 잠재적 문제들을 보완해줄 열쇠가 '혈연'이 아니라 '관계'임을 확인시킨다.

4부에서는 이주 노동자 가족과 공동체의 가치를 유지하는 모계 사회의 모습을 살펴본다. 1960~80년대 우리나라 가장들의 모습과 겹쳐 보이는 이주 노동자의 삶은, 이주 노동을 선택할 수밖에 없는 이들의 뒤에 지켜야 할 가족이 있다는 사실을 담담하게 알려준다. 가족을 위해 희생을 감내하는 이주 노동자 가장과 그 가족들이 존중받고 보호받을 수 있는 법적 장치와 사회적 인식이 왜 중요한지 공감할 수 있는 이유는, 우리가 이들의 삶을 이미 겪어보았기 때문이다. 또한 여전히 모계 전통의 공동체 문화를 유지하는 남태평양의 원시 섬 키리위나의 삶은 가족이 맡고 있는 사회적 역할 가운데 공동체가 분담해야 하는 것이 어떤 것인지 역설적으로 보여준다.

우리나라는 사회가 분담해야 할 짐을 개인과 가족에게 과도하게 지우고 있다. 다음 세대의 양육과 교육, 이전 세대의 노후에 대한 책임, 사회적 약자의 돌봄 등은 개인과 사회가 함께 해결해야 할 문제임에도 전적으로 가족에게 책임 지움으로써 가족 피로가 한계에 다다라 있는 상태다. 공동으로 생산하고 공동으로 소유하는 키리위나의 모습은 우리 사회의 분배 문제, 육아와 교육의 연대 책임, 사회적 약자를 함께 돌보는 복지 시스템을 다시금 점검하게 한다.

세상은 계속해서 변하고 그에 따라 가족의 개념이나 형태도 변한다. 그럴수록 변화에 초점을 맞추는 것이 아니라, 그럼에도 불구하고 변하지 않는 가치에 주목해야 한다. 그것은 '가족의 가치'다. 이 책을 통해 지금 이 시대의 가족의 가치와 의미에 대해 생각하는 시간이 되길 바란다. 그리고 과연 지금 자신이 가족 안에서 행복한지 자문해보길 바란다. 만약 불행하다면 이 책이 그 이유를 찾는 작은 실마리가 되어줄 것이다.

CONTENTS

2. 프랑스 육아의 비밀

[자율 : 한국 vs. 프랑스]
- 한국 수아네 "고집부리는 아이에게 언제까지 부드럽게 말해야 하죠?"
- 프랑스 일란네 "큰 틀 안에서 두세 가지의 선택권을 주면 돼요"

[규제 : 한국 vs. 프랑스]
- 한국 엄마 윤겸 씨 "규칙을 엄격하게 지키려고 하는데 계속 흔들려요"
- 프랑스 엄마 고드리 씨 "규칙을 정할 땐 아이와 함께, 정한 후엔 엄격히"

- 스스로 자신의 양육 능력을 신뢰하고 있는가
- 아이의 좌절과 실패는 아이의 몫임을 인정하고 있는가
- 나의 기대를 아이에게서 충족시키려고 하지는 않는가
- 만족 지연 능력을 제대로 키워주고 있는가
- 감정 절제를 일관성 있게 교육하고 있는가
- 0~5세 교육의 힘, 한 번 정한 규칙을 타협하고 있지 않는가
- 먼저 듣고, 그 후 말하는 대화의 기본을 지키고 있는가
- 부모와 아이는 모두 독립된 개인임을 인정하는가

1부

가족은
하나가 아니다

뭐가 잘못되었는지 모르겠다. 아이가 중학생이 된 후부터 여태까지 알던 내 아이가 아닌 것 같다. 집에 들어오면 입도 닫고, 제 방문도 닫는다. 말이라도 건넬라치면 얼굴에 짜증이 먼저 마중 나온다. 어릴 때는 그렇게 순했는데…. 억울하고 속상하다. 아이가 태어난 후 10년 넘게 좋은 부모가 되기 위해 남편과 함께 얼마나 노력했나. 아이를 낳기 전부터 온갖 태교법과 육아서를 독파했다. 갓난아기 때는 마음대로 나다닐 수 없어 인터넷 육아 커뮤니티에서 좋다는 정보를 모두 모았다. 아이가 학교에 들어가기 전까지 안 해본 것이 없었다.

그렇게만 하면 똑똑하고 너그러우면서도 예술적 감성이 살아 있는 아이로 자랄 거라고 생각했다. 모든 책과 부지런히 챙겨본 TV 부모 교육 프로그램도 그럴 것이라고 했다. 남편도 적극적으로 도왔다. 부모 교육 특강이라면 시간이 되는 대로 함께 참석했고, TV에서 본 육아법을 실제 생활에 적용했다. 사회성도 길러줘야 했고, 자존감도 키워줘야 했다. 집중력이 좋아진다는 육아법과 즐겁게 공부하는 방법도 연구했다. 학교에 들어가고 나서는 예능과 교과를 보충해줄 학원도 보냈다. 들인 시간, 노력, 돈이 적지 않았다.

고학년이 되고 학원 개수가 하나둘 늘면서 아이의 짜증도 함께 늘었다. 초등 4학년 성적이 평생을 좌우한다는데, 손 놓고 가만히 있을 수가 없었다. 그래도 초등학교 때까지는 괜찮았다. 아이도 제법 잘 따라와주었다. 하지만 점수와 등수가 고스란히 나오는 중학교 첫 성적표를 받았을 때의 충격은 지금도 잊을 수 없다. 고등학교에 가면 더 어려워질 텐데, 그 성적 가지고는 대학 근처에도 가지 못할 것 같았다. 대학을 나와도 어렵다는 취업은 과연 할 수 있을까, 비정규직으로 살면 결혼이나 할 수 있을까. 그래도 조금 더 살아본 부모 이야기를 잘 들으면 좀 낫지 않을까 싶은데 요즘은 통제 불가능이다.

좋은 부모가 되면 좋은 아이들이 되고, 이 모두가 모여 행복한 가족이 될 줄 알았는데, 도대체 뭐가 문제일까?

01 FAMILY SHOCK
부모로 살아간다는 것

아이가 태어나면 부모들 몸속에 자동 버튼이라도 눌린 것처럼 모성애와 부성애가 샘솟아 저절로 자애로운 부모가 되리라는 터무니없는 믿음은 깨진지 오래다. 부모가 되는 데도 자격과 교육이 필요하다는 계몽 운동이 사회 전반에서 이루어진 지도 벌써 10년. 서점마다 부모 교육서가 넘치고 각종 TV 프로그램이 학부모들을 불러 모은다.

아이와 함께 서점을 찾은 부모들은 부모 교육서 코너에서 저마다의 고민에 맞는 책을 뒤적인다. 영아에게 좋은 수면 습관을 들이려면 어떻게 해야 하는지, 떼를 부리는 아이를 어떻게 훈육해야 하는지, 초등학교에 들어간 아이에게 무엇이 필요한지, 좋은 대학에 들어간 아이들의 학습법은 어떤 것인지, 부모의 양육 태도 전반을 이야기하는 책부터 아이 상황에 꼭 맞는 맞춤 육아법까지 종류도 다양하다.

교육학은 물론 심리학에 기반한 부모 교육 강연장마다 부모들

서점에 있는 수많은 부모 교육서들. 좋은 부모가 되기 위해 공부는 필수가 되었다.

의 발길로 북적인다. 해외에서 주목을 받고 있다는 새로운 트렌드의 육아법도 순식간에 번진다. 유대인 육아법이나 프랑스식·스칸디나비아식 교육까지, 좋다는 육아 및 교육 방법은 점점 더 늘어난다. 아이를 낳은 것만으로 부모가 되던 시절은 오래전에 끝났다.

이런 공부를 통해 되고자 하는 부모는 과연 어떤 모습일까? 그 모든 노력이 성공적일까? 지금 우리 시대 가족의 모습을 알아보기 위해 가족의 근간이 되는 부모와 자녀의 관계를 먼저 살피기로 했다. 과연 부모가 생각하는 좋은 부모와 아이들이 바라는 좋은 부모는 같은 모습일까? 더 나은 부모가 되기 위해 애쓰는 여러 부모의 모습을 통해 이들의 노력으로 가족이 더 행복해졌는지 알아보고, 현재 가족의 모습을 살펴 부모가 된다는 것의 진짜 의미를 찾아보기로 했다.

부모와 아이의 동상이몽

부모의 사정 "다 너 잘되라고 하는 소리야!"

학부모를 대상으로 한 조사에 따르면 조사 대상의 71퍼센트가 '부모 교육은 반드시 필요하며 꼭 받아야 한다'고 답했다(2009, 학부모 포털 부모 2.0). 나머지 가운데 28.6퍼센트도 '부모 교육은 필요하나 개인의 상황에 따라 다르다'면서 부모 교육의 필요성에는 기본적으로 공감하고 있었다. 설문에 응한 학부모 가운데 부모 교육에 참여한 경험을 묻는 질문에는 반수 이상이 참여해본 적이 있다고 했다.

수많은 부모들이 좋은 부모가 되기 위해 시간을 내고 발품을 팔아 책을 읽고 강연을 듣는다. 수요가 있는 곳에 공급이 있는 법. 학교와 지방 자치 단체, 각종 이벤트마다 좋은 부모의 요건부터 이건 해라, 이건 하지 마라 구체적인 행동 지침까지 꼭 집어주는 강연이 줄을 잇는다. TV에서도 아이들의 문제 상황을 여러 가지 솔루션으로 해결해주는 프로그램이 절찬리에 방영된다. 전문가 말대로 불과 며칠 동안 실행했을 뿐인데, 거짓말같이 문제 행동이 교정되는 마술 앞에서 부모들은 '할렐루야'를 외칠 기세다.

이렇게 부모들이 공부까지 해가며 바라는 부모상은 과연 어떤 것일까? 부모들은 한결같이 입을 모은다. 아이와 공감하고 소

초등 2학년 부모님이 많이 하는 말
· 말 안 해도 알겠지만 엄마는 너를 정말 사랑해. 심부름도 정말 잘하는구나. 하늘만큼 땅만큼 사랑해.
· 우리 이쁜이. 사랑해. 우리 귀염둥이. 순둥이.

초등 6학년 부모님이 많이 하는 말
· 놀지 좀 마. 휴대폰 좀 꺼라. 친구는 공부도 잘하는데 너는 커서 뭐가 되려고. 밥 좀 먹어. 숙제도 좀 하고. 시험 점수가 이게 뭐니.
· 공부해. 철 좀 들어라. 그림 작작 그려. 그림 그리는 거 눈에 띄기만 해봐. 찢어버릴 테니.

중학생 부모님이 많이 하는 말
· 빨리 와! 너 공부 안 하면 나중에 어떡하려고 그러냐.
· ….(대화 없음)

초등학교 저학년일수록 부모님과 대화를 나누는 시간이 길고, 사랑한다 등의 긍정적인 말을 많이 나눴다. 하지만 학년이 높아질수록 부모와의 대화 시간이 줄고 나누는 말도 학업 성취를 압박하는 등의 부정적인 말이 많아졌다.

통하는 부모. 힘든 일이 있거나 무슨 일이 있을 때 터놓고 이야기할 수 있는 친구 같은 부모가 되고 싶다고. 강의를 쫓아다니고 방송과 책을 챙겨 보는 이런 눈물겨운 노력들은 모두 아이와 소통할 수 있는 부모가 되기 위해서라고. 그렇다면 이런 부모들의 노력이 아이들에게 제대로 전해지고 있을까? 아이들을 만나러 학교로 찾아갔다.

먼저 초등학교 2학년 교실을 찾았다. 집에서 엄마 아빠와 이야기 나누는 시간이 어느 정도인지 물었더니 모두 하루 4~5시간이 넘었다. 부모님께 가장 자주 듣는 말은 "사랑한다, 네가 최고"라는 말이 압도적이었다. 걱정과 고민을 털어놓는 대상 역시 단연 부모님이다. 아이들은 부모님께 고민을 이야기하면 모두 다 해결해줄 것이라는 깊은 믿음을 갖고 있었다. 부모들은 그들이 바라는 친구 같은 부모가 되는 데 성공한 것 같았다.

6학년 교실로 자리를 옮겼다. 이번엔 부모님과의 대화 시간이 하루에 길어야 30분 정도, 10분도 안 된다는 아이들도 많았다. 그것도 부모의 일방적인 잔소리가 대부분이었다. 2학년 때 압도적이었던 "사랑한다" 대신 그 자리를 차지한 것은 "공부 좀 해라, 책 좀 읽어, 휴대폰 좀 그만해, 복습 좀 해라" 등 모두 공부에 관한 이야기였다. "커서 뭐가 되려고 그러니?"처럼 엄마 아빠가 나를 믿지 못하는구나 생각하게 할 만한 말들도 많았다.

아이의 사정 "틀린 말은 아니지만… 나도 이유가 있다고요"

사춘기의 절정인 중학생들은 어떨까? 마찬가지로 부모님께 가장 자주 듣는 말을 적도록 했다. "공부해, 철 좀 들어, 꼴통 자식." 이런 이야기나마 부모님과 대화하는 시간은 하루 30분이 채 되지 않는다고 했다. 아빠랑 하루에 단 한 마디도 나누지 않는 아이도 있었고, 엄마 역시 다르지 않았다. 아이들은 입을 모았다. "대화요? 그런 걸 대화라고 할 수 있을지 모르겠어요. 모두 잔소리죠. 항상 공부해라, 공부해라." "그림 좀 그만 그리고 공부해! 그만 먹어, 살쪄! 책 좀 읽어! 공부 안 하면 어떡하려고?"

아이들이 지금 하고 있는 고민이나 걱정에 대해 부모님께 이

아빠와의 평균 대화 시간		엄마와의 평균 대화 시간	
30분 미만	42.1 %	30분 미만	22.4 %
✕	6.8 %	✕	2.5 %

부모님과의 대화 시간을 조사했다. 여성 가족부가 실시한 2011년 청소년 종합실태조사 결과보고서에 따르면, 우리나라 청소년 중 6.8퍼센트가 아버지와 전혀 대화를 나누지 않고, 엄마와도 2.5퍼센트에 달하는 아이들이 아무런 대화를 나누지 않는다고 한다. 하루 평균 아버지와 1시간 미만의 대화를 나누는 아이들이 63.8퍼센트로 반수를 훌쩍 넘고, 엄마와도 49.2퍼센트나 되는 아이들이 1시간이 안 되는 시간을 함께했을 뿐이다. 게다가 〈가족 쇼크〉 제작진이 직접 만난 아이들을 생각하면 그 대화의 질이 어떨지도 충분히 짐작할 만하다.

야기한 적이 있는지 물었다. 7명의 아이들 중 3명만 손을 들었다. 나머지 아이들은 "부모님한테 말해봤자 지금 그런 걸로 고민할 때냐, 이런 말 듣기 일쑤예요. 저는 심각한데, 늘 대수롭지 않게 흘려들으시고 어떤 때는 네가 호강에 겨워서 그런다고, 그런 생각할 시간에 공부나 하라고 하시죠." 그렇게 말하는 아이들의 얼굴에는 오래된 체념과 무기력이 스쳐 지나갔다. 일부 아이들의 문제일 뿐, 우리 집과는 무관하다고 생각하는 사람들도 있을 것이다. 그러나 통계가 말해주는 현실은 참담하다.

아이를 키워본 사람은 안다. 함께 보낸 시간이 길어질수록 아이들에 대한 이해와 사랑이 더 커지고 이른바 모성애, 부성애도 점점 커진다는 것을. 그런데 '사랑해'에서 '공부해'로, 마침내는 아무런 대화를 나누지 않게 된 우리 시대의 부모와 아이들. 시간과 돈을 들여 부모 교육까지 받으면서 아이들과 소통하고 공감하는 친구 같은 부모가 되고 싶어 하는 우리 엄마 아빠들이 어쩌다 이렇게 되었을까? 아이들과 부모님의 사정을 더 깊게 들여다 볼 필요가 있었다.

제작팀은 가족의 근간을 이루는 '부모'란 무엇이고, 아이들과 어떤 문제를 겪는지, 둘 사이의 소통 방식에 문제는 없는지, 갈등의 원인이 무엇인지, 해결책은 무엇인지를 살펴보기로 했다. 초·중·고등학교 아이를 둔 부모들 가운데 자녀와의 관계를 좀 더 나은 방향으로 이끌면서 학업 성취에 동기도 부여하는 소통법을 배우고 싶은 부모를 모집했다. 아이들이 부모의 어떤 말에 행복해하고 상처를 입는지 아이의 속마음을 궁금해하며, 어떻게 하면 아이와 건강한 관계를 맺을 수 있을지 알고 싶어 하는 부모들이었다.

우리 집 대화는 어떤 스타일?

재영이네 "없는 돈에 보내는 학원이 몇 갠데, 넌 왜 그렇게 무기력하니?"
이제 중학교 2학년이 된 재영이는 요즘 시험 기간이다. 몇 주 전부터 과목별로 시험 범위를 쪼개 매일 할 수 있을 만큼의 분량을 공부하려고 생각했지만 계획대로 하기가 어렵다. 세운 계획을

다 실행하려면 자유 시간이 너무 적다. 학교 수업이 끝나고 방과 후 수업까지 마치고 나면 학원에 가야 한다. 집에 돌아오면 어느새 늦은 저녁 시간. 학교부터 학원까지 거의 온종일 이어지는 공부에 머리가 멈춘 것 같다. 학원에서 보내는 마지막 시간에는 멍하니 앉아 있는 것도 벅차다. '쉬고 싶다, 자고 싶다', 그런 생각만 계속 든다.

저녁 식탁에 오래 앉아 있으면 엄마 아빠의 잔소리 폭탄이 교대로 떨어지리라는 걸 잘 안다. 김과 햄으로 5분 만에 저녁을 해치우고 책상 앞에 앉았다. 공부가 될 것 같지는 않지만 책상 앞에 앉아 있어야 마음이 덜 불편하다. 수학 문제집을 펴놓았지만 눈에 들어오지 않았다. 엄마가 방으로 들어와 무엇을 하고 있는지 뒤에서 들여다본다. 문제집의 펼쳐진 페이지를 보더니 시험 범위가 어딘데 아직까지 여기냐고 짜증 섞인 목소리로 이야기하더니 나간다. "일단 해, 빨리. 시험 범위까지 한 번은 다 풀어봐야지."

집중하려고 밑줄을 그어가며 문제를 읽는다. 나간 줄 알았던 엄마가 다시 뒤에 와서 들여다본다. "모른다고 표시한 문제들은 다시 한 번 봐야지. 이거 틀렸네? 그럼 모른다고 표시해야지. 어머, 이것만이 아니네. 이것도 모르고, 이것도 모르고? 그동안 학교랑 학원에서 뭘 배운 거야?"

짜증이 아니라 이번엔 한숨이다. 재영이는 짜증보다 한숨이 더 힘들다. 한숨 뒤에는 저 좋으라고 없는 돈에 학원을 몇 군데나 보내고 있는데 본인이 의지가 없으니 뭐가 되겠냐며 다 그만 두자는 푸념이 나온다.

폭풍 같은 잔소리가 지나가고 엄마가 나가자 방 안이 갑자기 확 더워진다. 선풍기를 끌어다 강풍에 맞추자 문제집이 펄럭펄럭 넘어간다. 바람에 날리는 문제집 끄트머리를 손으로 누르며 다시 집중하려 하는데, 이번엔 아빠 차례다. "뭐해? 집중해서 봐야지. 이래서 시험 범위까지 시간 내에 어떻게 다하려고 해? 큰일 났네!" 이 모든 게 책상 앞에 앉은 지 10분 만에 벌어진 일이다.

스스로도 할 수 있는 만큼은 하고 있는데, 엄마 아빠가 바라는 만큼 공부를 잘하지 못한다는 게 너무 힘들어서 모든 걸 그만두고 싶어진다. '이대로 삶을 놓아버리면 이 모든 짜증과 스트레스가 다 사라지겠지. 그냥 살지 말까' 하는 생각이 든다. 재영이가 이런 생각까지 하고 있다는 걸 과연 엄마 아빠는 알까?

재영 아빠는 스스로에 대해 굉장히 좋은 아빠는 아니지만 그래도 기본은 하고 있는 아빠라고 생각한다. 집에 들어오면 말 한마디 없이 집안을 무겁게 만들었던 자신의 아버지에 비해 그래도 아이의 공부에 대해 대화를 나누는 자상한 아빠 아닌가.

직업 군인을 할까 하고 군대에 너무 오래 있다가 사회생활이 남들보다 늦은 재영 아빠는 늦은 사회생활을 따라가느라 하루 13시간씩 일을 한다. 집에 들어오면 밤 11시, 깨어 있는 아이들과 얼굴을 마주하는 시간이 짧은 만큼 아이들에게 살과 피가 되

재영이 뒤에서 바라보는 아빠. 부모는 아이가 부모의 실패를 반복하지 않게 하겠다며 조언을 하지만 그 말들은 모두 지시나 감시하는 잔소리일 뿐 아이들에게 전혀 영향을 주지 못한다.

는 이야기를 해주고 싶다. 살아보니 제때 공부를 해서 자리를 잡지 않으면 회복하기가 어려웠다. 공부가 전부는 아니지만 자신의 경험으로는 공부를 잘해놓으면 좀 더 편하고 좀 더 기회가 많은 영역으로 진출하게 된다. 아이의 성공으로 자식 덕을 보자는 게 아니라 재영이만큼은 자신이 겪은 어려움을 겪지 않았으면 하는 마음이다.

처음부터 아이에게 감시하듯 잔소리를 해댔던 건 아니다. 중학교 들어가서 처음 본 시험 성적표를 받아든 후 불안과 조바심이 커졌다. 감당하기 힘들 정도의 성적표를 보는 순간, 이게 그동안 애면글면하며 아이에게 필요하다는 뒷받침을 해온 결과인가, 허무하기도 하고 실망스럽기도 했다. 무엇보다 이대로 두어도 괜찮을까, 너무 무르게 대해서 아이의 의지가 약한 건 아닌가 하는 생각에 한 번은 좀 세게 나가야겠다고 다짐했다. 성적표를 받아온 날, 독한 마음으로 매를 들었다. 한동안 마음이 아팠다. 부디 재영이가 진심을 알아줬으면 싶었다.

수현이네 "넌 공부만 해. 나머진 엄마가 다 해줄게"

초등학교 5학년 수현이는 은경 씨의 외동딸이다. 은경 씨는 눈에 넣어도 아프지 않을 아이를 위해 못할 게 없다고 생각한다. 특히 요즘 같은 시험 기간 동안은 공부에만 집중할 수 있게 모든 허드렛일을 대신하고 있다. 젖은 머리에 드라이기를 대주며 은경 씨가 묻는다. "오늘 저녁에는 뭐할 계획이야?" 수현이의 답은 짧다. "국어, 과학." 어제 학원에서 내준 영어 숙제도 다 마치지 못한 것을 알고 있는데, 국어, 과학까지 과연 다할 수 있을까? 은경 씨는 수현이가 지키지도 못할 계획을 무리하게 잡는다는 생각을 하면서도 입을 다문다.

식탁 위에 멀리 놓인 반찬까지 손이 안 닿는지 헛손질을 하는 걸 보고 얼른 반찬 그릇을 수현이 앞으로 당겨놓는다. 그것으로 성에 차지 않아 반찬을 한 젓가락 집어 입에 넣어준다. 피곤한지 눈을 감은 채 입을 벌리는 수현이를 보니 아직도 품속의 아이 같다. '이렇게 아기 같은데 이 힘한 세상에 나가서 어찌 살려나. 그래, 공부가 아무리 힘들어도 어른이 돼서 살아갈 세상보다 더 힘들겠어? 지금 해두지 않으면 몇 배 힘든 세상이 펼쳐지겠지. 아이가 스스로 못하는 건 당연해. 그래서 부모가 있는 거지.' 약해

졸려 눈을 감은 수현이에게 반찬을 먹여주는 엄마. 중·고등학생이 되면 부모들은 '넌 공부만 하면 된다. 나머지는 내가 다 해주겠다'는 태도를 취한다. 그러나 아이들이 스스로를 자기 삶의 주인으로 느끼도록 하는 것이 중요하다.

지려는 마음을 다잡는다. 저녁을 먹자마자 책상 앞으로 간 수현이 뒤에 잠자코 선다. 국어와 과학을 한다고 했는데, 은경 씨가 보기에 수현이가 제일 약한 건 사회와 수학이다. 이것 먼저 어느 정도 하고 넘어가야 할 것 같다. 사회 문제집의 시험 범위를 펼쳐보니 군데군데 풀어본 흔적이 있다. 중요하다고 자기가 색칠까지 해놓은 걸 몇 개나 틀렸다.

"수현아, 이건 왜 틀렸어? 네가 중요하다고 표시해놓은 거잖아? 이런 암기 과목은 무조건 중요한 부분만 반복해서 외우면 돼. 이해도 필요 없고. 세상에서 제일 간단하잖아." 기어코 한마디가 나왔다. 공부도 요령이니 조금이라도 경험이 있는 어른이 가르쳐주는 게 맞지 싶은데, 수현이 표정이 심상찮다. 이래도 상관없고 저래도 상관없다는 듯한 표정. 엄마 말을 귓등으로도 안 듣는다는 뜻이다. 조심스러웠던 마음이 돌변한다.

"표정이 왜 그래? 졸린 거야? 알았다는 거야? 엄마 좋으라고 이래? 엄마도 엄마 시간 갖고 싶어. 네가 알아서 하면 엄마가 이럴 일이 있겠냐고! 시험은 엄마가 보니? 네가 보는 거고, 좋은 성적 받으면 너한테 좋은 거잖아? 근데 맨날 엄마 혼자 바빠. 벌써 밤이고, 시험 범위는 아직도 이렇게 많이 남았는데, 이렇게 천하태평이면 어쩌자는 거야?" 짜증이라도 부리면 맞대응이라도 하겠는데, 무표정하니 더 속이 터진다. 수현이는 어딜 보고 있는지 아무 표정 없는 얼굴로 잠자코 책상 위 문제집 쪽을 바라본다.

수현이는 은경 씨의 언성이 높아지는 동안 마음속으로 계속 하나만 생각했다. 곰돌이 얼굴. 어렸을 때는 엄마와 이야기도 많이 하고, 함께 쇼핑도 다녔다. 곰돌이도 그때 샀다. 하지만 이제는 과거의 유물이다. 다른 누구보다 자기 편이었고 세상 누구보다 사랑했던 엄마와의 과거 유물. 무엇 때문인지 알 수 없지만 어느 날부터인가 엄마는 자신에게 더 이상 다정한 얼굴을 보여주지 않았다. 아주 작은 것에도 아끼지 않았던 칭찬이 줄고, 조금 잘해서 이번에는 엄마를 기쁘게 할 수 있겠지 싶으면 엄마는 다른 아이들은 어떤지부터 물었다.

엄마의 얼굴이 낯설어지고 마음이 지치기 시작하자 수현이는 곰돌이에게 화풀이했다. 모처럼 수학을 100점 맞아 신이 나서 엄마에게 달려갔는데 국어가 80점이라고 오히려 화를 냈을 때도, 시험공부 계획을 혼자 세워보라고 해서 요모조모 고심해서 만들어놓은 계획표에 모두 가위표를 치고 새 계획표를 만들어주었을 때도 곰돌이는 화풀이 대상이었다. 이렇게 책상 뒤에 서서 이렇게 해야지, 이게 뭐니, 잔소리가 길어지면 머릿속으로는 곰돌이를 두들겨 패는 생각을 한다.

연수네 "숙제를 스스로 하는 건 당연하고, 글씨가 이게 뭐야!"
중학교에서 국어를 가르치는 김은하 씨에게는 초등학교 3학년이 된 외동딸 연수가 있다. 연수는 오늘도 집안을 굴러다니며 놀고 있다. 은하 씨는 바쁘다. 시험 기간이라 시험 문제도 내야 하고, 학교에서 처리해야 할 잡무도 많다. 아이를 위해 되도록 학교 일이 끝나면 곧장 집으로 오지만 그렇다고 해야 할 일이 저절로 줄지는 않는다. 집까지 들고 온 일들을 처리하노라면 심심한 연수는 거실을 굴러다니다가 은하 씨가 일하는 컴퓨터 방을 들여다봤다가 이내 자기 방 침대에서 뒹굴거리곤 한다.

컴퓨터 모니터를 들여다보던 은하 씨가 연수에게 말을 건다. "뭐하니?" 연수는 반가운 마음에 여태까지 만들던 색종이를 들고 와 보여준다. "별 만들었어. 예쁘지? 금종이로 만드니까 더 예뻐. 한번 봐." 아이가 내민 것을 보는 둥 마는 둥 모니터에서 눈도 떼지 않고 은하 씨는 말한다. "응. 근데, 너 오늘 숙제 안 보여줬어!" 진작 숙제를 마친 연수는 신이 나서 공책을 가져온다.

하지만 공책을 펼친 은하 씨의 얼굴이 굳어진다. "글씨가 왜 이렇게 엉망이야? 김연수! 너 엄마가 글씨 엉망이면 어떻게 한다고 했어? 다시 쓰게 한다고 했지? 매일 이야기했고, 바로 어제도 이야기했잖아. 그렇게 다시 쓰고 싶어? 응? 너 같으면 이거 읽고 싶겠어? 엄마가 그랬잖아, 선생님은 깔끔하게 숙제하는 걸 좋아한다고. 안 되겠다. 다시 해. 깨끗이 지우고 다시 해!"

엄마가 말하기 전에는 스스로 숙제를 해놓은 것만도 뿌듯했는데, 연수는 지우개로 기껏 해놓은 숙제를 지운다. 공책이 찢어질까 살살 문질렀지만 잘 지워지지 않아 힘껏 문지르다가 그만 종이 한 귀퉁이가 찢어지고 말았다. 그게 신호라도 되는 듯 연수의 눈에서 눈물이 주르륵 흐른다.

연수는 엄마가 화장실에 붙인 글귀가 떠올랐다. '마음에 상처를 주지 마라. 칼로 벤 상처는 회복되지만 말로 입은 상처는 평생 간다.' 마음의 상처가 어떤 것인지 모르겠지만 이렇게 엄마가 자신에게 화를 낼 때 마음 한쪽에 이상한 느낌이 드는 것이 그것일까 싶다. 엄마가 자신을 누구보다 사랑한다는 걸 잘 알면서도 슬픈 마음이 드는 건 어쩔 수 없다. 어렸을 때 타다가 키가 자라 더 이상 타지 않게 된 어린 시절 자전거, 집 입구에 묶어둔 채 녹슬고 낡아가는 자전거처럼 버림받은 것 같다.

돌아앉은 연수를 은하 씨가 물끄러미 바라봤다. 초등학교 3학

엄마에게 혼이 나고 다시 숙제를 하는 연수. 시간을 합리적으로 운용한다는 명목으로 아이의 과제를 감독, 점검하는 매니저 혹은 교사 역할을 하는 부모가 많아졌다. 아이에게는 교사가 아니라 부모가 필요하다.

년, 아직은 어리다. 그런데 세상은 얼마나 빨리 돌아가는지. 주변의 이야기를 들으면 머리가 어질어질하다. 부모가 잡아주지 않으면 공부하는 습관이 제대로 만들어지지 않고, 그러다 보면 생활이 흐트러질 것이고, 유유상종이라고 친구들도 그런 아이들만 사귀게 될 것이다. 엄마가 허술하게 관리한 하나가 꼬리에 꼬리를 무는 악순환으로 연결되어 사춘기 때 방황이라도 하면 어쩌란 말인가.

그렇게 생각하니 안쓰럽던 마음이 조금 누그러진다. '그래, 잘하고 있는 거야. 저 하고 싶은 대로만 놔두는 게 어디 제대로 된 부모인가? 사랑하니까 훈육도 하는 거지. 어릴 때 작은 습관이 모여서 아이의 인생을 바꾸는 거야.' 육아책에서 본 것처럼 일관되기만 하면 조금은 엄격한 것이 아이의 나중을 위해서 더 바람직할 것이다. 어릴 때는 한없이 받아주다가 어느 시점에 갑자기 엄격해지면 아이가 얼마나 혼란을 겪겠는가. 은하 씨는 조금 차분해진 마음으로 다시 모니터를 본다. "다 하면 엄마한테 검사받아, 알았지?"

세정이네 "아빠랑 편하게 대화나 할까? 일단 공부는 말야"

재범 씨는 좋은 아빠가 되기 위해 날마다 공부한다. 요즘 보기 드물다는 다둥이 아빠로, 고1, 중3 연년생과 늦둥이 아들까지 3남매를 두었다. 재범 씨는 오늘도 교육방송의 부모 교육 다큐멘터리를 다시 보기로 시청 중이다. 시간 날 때마다 1편씩 보니까 하루에 거의 1~2시간은 보는 셈이다. 나이 차이가 나는 아이들과 잘 소통하기 위해 공부하는 것이다. 큰아이의 자율 학습이 없는 오늘, 아이들과 저녁을 먹고 나서 차분하게 생활이며 학업에 대해 이런저런 이야기를 나눠야지 마음먹는다.

세정이, 세롬이, 세명이, 엄마와 아빠 5명이 식탁에 둘러앉았다. 그런데 이상하리만치 식탁이 조용하다. 아이들은 약속이라도 한 것처럼 아빠와 눈이 마주치는 것을 피한다. 이따금 부족한 반찬이나 물이 필요한지 묻는 엄마의 목소리만 정적을 깬다. 식사를 마치자 다들 자연스럽게 거실 TV 앞에 모였다. 물 한 모금 마시고 다시 방으로 들어가려던 큰아이가 TV 화면을 보고 자리에 앉는다.

때는 이때다. 재범 씨가 말할 타이밍을 잡았다. "이제 2학기 시작되는데, 하반기에는 허송세월을 보내면 안 돼. 상반기는 새 학년에 적응한다, 어쩌다 시간을 보냈더라도 2학기에는 결과가 나와야 해, 결과가. 그러려면 하루에 단 10분이라도, 매일 공부하는 습관을 들여야 된다고." 아무렴, 그렇고말고. 세정이는 또 시작이군, 하는 표정으로 알았다고 웅얼거린다. 맨날 듣는 말이라고 허투루 듣는 것 같다. 학기 초라고, 시험 끝났다고 며칠씩 헤매고 다니면 얼마나 낭비인데…. 지금부터 이거다 싶은 걸 하나 정해서 꾸준히 해야 한다고 다시 한 번 못을 박았다.

이야기를 듣던 세정이가 불쑥 묻는다. "아빠는 그래서 내가 뭐 하고 싶어 하는지 알기는 하는 거야?" 갑자기 말문이 막힌 재범 씨는 "그럼, 당연히 알지. 운동 아니야?"라고 말했다가 왠지 자신이 없어 덧붙인다. "네가 하고 싶은 게 뭔데?" 세정이는 됐어, 한마디를 던지고 방으로 들어가버렸다. 그놈의 '됐어'는 '몰라'랑 세트로 사춘기 전매특허를 받았나, 툭하면 됐어, 몰라야, 속으로 구시렁대던 재범 씨가 이번엔 세롬이를 부른다.

"정세롬, 이리 와봐라." 뭘 하는지 답이 없다. "빨리 와봐!" 언성이 조금 높아졌다. 뭘 하다 나왔는지, 세롬이는 짜증이 잔뜩 묻은 목소리로 "아, 왜?" 하고 말끝이 올라간다. 세롬이는 대체로 무기력하다. 뭐든 열심히 하는 법이 없고 대강대강 설렁설렁이다. 의욕, 의지 이런 게 필요하다고 일장 연설을 늘어놨다. "공부는 3시간을 투자해야 2시간 고생하고 1시간 분량을 제대로 하

는 거야. 집중력이 중요해. 1시간쯤 하다가 딴짓하면 그전에 1시
간 한 건 다 까먹고 다시 시작해야 하는 거야, 알아? 정 집중이
안 되면 낙서라도 하면서 일단 책상 앞에 앉아 있어야지."

귀담아들었는지 말았는지 세롬이도 잠깐 아빠 말을 듣는 체하
더니 방으로 들어간다. 세정이와 세롬이는 자신들이 무슨 이야
기를 해도 들은 체 만 체하면서 자기주장만 내세우는 아빠 이야
기가 달갑지 않다. 아빠가 하는 말이 별로 틀린 말은 아니고 자
신들 잘되라고 하는 말인 줄은 알지만 듣기 싫은 건 어쩔 수 없
다. 아빠는 맨날 하고 싶은 이야기가 있으면 다하라고 하지만 속
는 것도 한두 번이지, 어차피 귀 기울여 들어주지도 않기 때문에
이젠 별로 하고 싶은 이야기도 없다. 이대로라면 점점 더 아빠와
이야기하는 시간도 줄어들고 아빠랑도 멀어질 것 같아 세정이도
내심 걱정이 되긴 한다.

아빠의 일방통행 대화를 지켜보는 엄마 마음도 답답하긴 마찬
가지다. 부지런하고 각 잡힌 군인이라 계실 때나 안 계실 때나 늘
긴장시키던 옛날 자기 아버지를 생각하면 애들 아빠가 자상한
아빠임에는 틀림없지만 애들이 아빠 말을 귀담아듣지 않는다는
게 느껴진다. 하긴 아무리 집이지만 다 늘어진 속옷 차림에 늘 거
실에 누워 TV만 보는 아빠에게 아이들이 어떤 권위를 느끼겠나
싶다. 부모도 아이에게 본보기가 되려면 늘 긴장하고 있어야 한
다고 생각한다. 부모가 아이를 생각하는 마음에 비해 아이들은

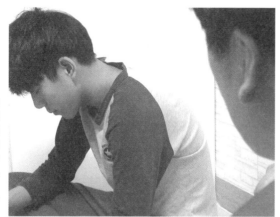

아빠의 훈계에 세정이는 고개를 떨군 채 조용하다. 부모는 아이들에게 늘 교훈적인 이야기를 늘어놓지만 아이들은 귀 기울이지 않는다. 그 말이 틀려서가 아니다. 아이들의 마음에 와 닿지 않기 때문이다.

부모에게 너무 모질다. 그래서 부모가 하는 자녀에 대한 사랑은 짝사랑이다. 언제나 몸에 좋은 약은 입에 쓴 법이다. 저희들 잘되라고 이렇게 듣기 싫은 소리를 계속할 수밖에 없는 아빠 엄마의 진심을 언젠가는 아이들도 알아주겠지 하고 생각할 뿐이다.

부모와 아이의 평행선 대화

같은 집에서 따로 사는 부모와 아이

제작진이 관찰한 네 가족은 공통점이 있다. 첫 번째는 모두 좋은 부모가 되려고 굉장히 노력하는 부모라는 점이다. 이들은 아이들과 어떻게든 더 많은 대화를 나누기 위해 애쓴다. 하지만 그렇게 노력하는 부모가 아이들과 실제로 하는 대화가 제대로 된 대화, 혹은 소통일까?

아주대 정신건강의학과 조선미 교수는 네 가족의 관찰 카메라 내용을 살피고 "부모님들이 하는 말은 지시와 확인, 일방적인 간섭과 감시인 경우가 많습니다. 대부분 '이거 했니, 안 했니' 식의 확인하는 말과 안 했다고 하면, '왜 안 했니, 이런 건 이렇게 해야지' 하는 지시죠. 언성을 높여서 '정신 차려! 빨리 안 해?' 하는 건 거의 폭력이에요"라고 말한다.

비단 이 네 가족뿐만의 일일까? 부모와 자녀가 나누는 대화 시간에 대한 통계 자료를 보면, 가족 간 대화 혹은 소통에 대해 자녀와 부모의 입장에는 큰 차이가 있음을 알 수 있다. 부모들 입장에서는 자녀와 허물없이 잘 소통하고 있다고 생각하는 비율이 아주 높지만 아이들은 충분하다고 느끼지 않았다.

그나마 아이들이 어렸을 때는 대부분 아이들의 마음을 읽기 위해 노력하던 부모가 자녀들의 학업 성취가 가시화되는 청소년기부터는 갑작스럽게 돌변한다. 예전에는 그 시기가 중학교 입학이었다면, 요즘은 초등학교 고학년만 되어도 거의 입시 전야 같은 분위기가 생긴다. 이때부터 아이와 부모 사이는 점점 멀어지기 시작한다. 청소년들 중 고민을 부모한테 털어놓는 비율은 21.7퍼센트(친구 46.6퍼센트, 스스로 해결 22퍼센트) 정도이고, 가출한 아이들의 61.3퍼센트가 부모와의 갈등이 가출 이유라고 답하고 있다.

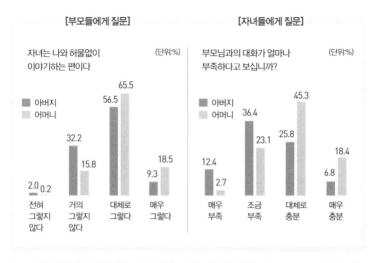

[부모들에게 질문]

자녀는 나와 허물없이
이야기하는 편이다

(단위:%)

■ 아버지
■ 어머니

65.5
56.5
32.2
15.8
18.5
9.3
2.0 0.2

전혀   거의   대체로   매우
그렇지   그렇지   그렇다   그렇다
않다   않다

[자녀들에게 질문]

부모님과의 대화가 얼마나
부족하다고 보십니까?

(단위:%)

■ 아버지
■ 어머니

45.3
36.4
23.1
25.8
18.4
12.4
2.7
6.8

매우   조금   대체로   매우
부족   부족   충분   충분

부모와 자녀 간의 의사소통 통계를 보면 엄마들은 아이들과 충분한 대화를 나누고 있다고 생각하는 비율
이 84퍼센트였지만 아이들 입장에서는 63.7퍼센트 정도였다. 아빠의 경우, 상황은 훨씬 심각하다. 아빠 입
장에서 아이들과 대화가 많이 부족하다고 답한 비율은 2.0퍼센트에 불과했지만 아이들 입장에서는 12.4퍼
센트가 아빠와의 의사소통이 크게 불만스럽다고 답했다. 특히 큰 차이를 보인 것은 아이와의 평균 대화 시
간이다. 스스로 아이와 평균적인 대화를 나눈다고 생각하는 아빠가 56.5퍼센트로 조사 대상의 절반 이상
이었지만 아이들은 25.8퍼센트만이 그렇다고 대답했다.

가출뿐 아니라 극단적으로 목숨을 끊는 아이들도 많다. 우리
나라 청소년의 사망 원인 1위는 고의적 자살(13퍼센트)이다. 물
론 부모와의 갈등만이 아이들을 힘들게 하는 절대적이고 유일한
이유는 아니다. 하지만 아이들이 막다른 상황에 닥쳤을 때 부모
에게조차 도움을 청하지 못한 채 마음의 문을 닫고 있음을 보여
준다. 특히 자살 이유 1위가 성적(39.2퍼센트)인 것을 보면 아이
들에게 가해지는 학업 성취의 압박이 어느 정도인지 짐작할 수
있다.

의사소통에 대한 부모와 아이의 동상이몽은 아이와 부모가 서로를 이해한다고 생각하는 정도의 차이에서도 드러난다. 아이의 입장을 이해하려고 노력하느냐는 질문을 부모에게 했을 때 72.8퍼센트가 그렇다고 답했지만, 아이들은 부모님이 자신들을 이해하려고 하느냐는 질문에 반이 안 되는 46.4퍼센트만이 그렇다고 대답했다. 연령에 따른 조사 결과는 없지만 만약 연령별로 같은 조사를 했다면 결과는 어땠을까? 학년이 올라갈수록 부모들이 자신들을 이해해준다는 답변은 큰 폭으로 줄어들었을 것이다.

불안한 부모, 무기력한 아이

상호 교감이 이루어지지 않는 지시와 명령 투의 말을 듣는 아이들은 대부분 소극적인 대답이나 무반응으로 일관한다. 무언의 거부, 혹은 무기력이다. 왜 그럴까? 아이의 좋은 습관을 위해서라는 명목으로 부모가 이런 식의 '간섭과 지시'를 반복할 경우, 아이들은 부모가 자신들을 믿지 못한다고 생각한다.

아이도 잘 알고 있는 옳은 말을 여러 번 반복하는 것은 너를 믿지 못하겠다는 신호를 아이에게 주기적으로 보내는 것이나 마찬가지다. 스스로에 대한 불신이 마음 깊이 자리 잡은 아이가 과연 혼자서 무언가를 결정하고, 그 결정에 책임질 수 있는 어른으로 자랄 수 있을까? 결국 무기력해지거나 버튼만 누르면 언제라도 터질 듯 억눌린 상태가 된다. 이런 상태가 심해지면 아이들은 극단적인 생각까지 이르게 된다. 이런 현상은 일부 아이들에게 서만 발견되는 게 아니다. 정도의 차이만 있을 뿐이다.

우리나라 부모들은 부모 역할을 잘 해내야만 한다는 높은 불안에 시달린다. 압축적인 근대화를 겪으면서 빠른 속도로 이루어진 산업화·도시화는 과거 노동 공동체 시절 친족의 일이자 마을의 일이었던 양육을 전적으로 부모의 책임으로 돌려놓았다. 하나둘 정도의 아이를 기르는 보통의 부모는 아이들을 잘 키워내는 것을 하나의 성과로 생각한다.

여기에 불안정한 노동 시장, 높은 양육비, 빈약한 사회 안전망, 불확실한 교육 정책 등 한국의 사회 상황이 맞물리면서 부모들은 아이들이 이 불안한 사회에 성공적으로 안착할 수 있을지 과도하게 걱정한다. 독일의 사회학자이자 여성학자인 엘리자베트 벡 게른샤임의 말처럼, 지금 사회는 사적 영역에서 미래에 대한 전망이 어렵기 때문에 현재가 점점 더 '미래의 압박' 아래 놓이게 된다.

이런 현대 사회의 양상이 자녀 중심의 한국 핵가족에 침투하면서 자녀의 사교육과 건강은 미래의 안정을 보장할 가장 핵심 요소가 되었다. 미래에 대한 불안과 경쟁이 가속화되고 노후에 대한 사회적 안전망도 취약한 한국 사회에서 그나마 눈에 보이는 성과로 계량할 수 있는 자녀의 교육적 성취가 가장 중요한 부모의 '업무 성과'가 된 것이다. 교육 정보를 수집, 선택해서 자녀의 일상을 관리하고 나아가 학업 성취로 가시화하는 것은 부모가 수행해야 할 가장 중요한 프로젝트가 되었다. 아이가 자랄수록 부모들은 자녀와의 격의 없는 소통 대신 마치 프로젝트 매니저 같은 역할을 수행한다.

게다가 한 번 실패하면 다시 기회가 주어지지 않는 한국 사회의 경직성은 부모들의 불안을 가중시킨다. 한국 사회는 한 번 속한 사회 계층에서 다른 계층으로의 이동이 점점 더 어려워지고 있다. 취업난, 비정규직 등에 대한 뉴스들을 보면서 부모들은 자녀가 살아갈 세상에 대한 과도한 불안을 키운다. 초등학교 4학년 성적이 인생을 결정한다는 등의 살벌한 말을 수시로 듣는 부모들은 아이들이 실패하지 않기를 바라며, 실패의 쓰리고 아픈 경험을 자녀가 느끼지 않도록 아이의 모든 것을 미리 계획하고 구상한 후 통제한다. 이들 부모에게 아이들은 존중해야 할 한 사람이 아니라 자신의 분신이며 실패하면 안 되는 중대 프로젝트다.

부모 연습

아이에게 실패할 권리를 주기

취재에서 만난 부모들은 아이에 대한 바람으로 '자기 할 일을 열심히 하는 아이'를 꼽았다. 그게 뭐 그리 큰 바람이냐고 이야기하지만 들어보면 그 수준이 상당히 높다. 앞서 소개한 아이들 가운데 밖에서는 착하고 성실한 아이로 인정받는 아이들도 많았다. 심지어 "어떻게 아이를 이렇게 밝고 건강하게 잘 키우셨냐?"고 전화로 물어보는 사람도 있었다. 하지만 엄마는 아이가 집에서 보여주는 못난 모습(늘어져 있고, 의욕 없는)이 진짜이고 밖에서 잘하는 모습이 가짜라고 느낀다. 그래서 항상 불안해한다.

아이가 친구와 논다고 하면 만나는 장소, 시간까지 엄마가 전화를 걸어서 약속을 잡아주고, 남자아이들끼리 몰려다니면 PC방에 가거나 음담패설과 욕설을 나눈다는 이유로 아이들끼리는 만나지도 못하게 한다. 아이를 보호한다는 명분으로 또래와 나눌 수 있는 공통 관심사에서 떼어놓고 한편으로는 아이가 다른 아이들과 어울리지 못한다고 걱정한다. 그리고 아이가 부모 생각에 바람직한 본연의 일, 즉 공부에만 집중할 수 있게 한다며 밥을 떠먹이는 등 스스로 해야 할 일까지 대신해준다.

경쟁이 치열한 사회에서 부모들 나름대로 능력의 한계와 세상살이의 고달픔을 느끼면서 너는 나보다 더 나은 시작을 했으면 좋겠다, 좀 더 높은 학력에서 안전하게 시작했으면 좋겠다는 바람에서 비롯된 것이지만 부작용이 더 많다. 아이의 모든 것을 다 알아서 해주면 아이들은 자기 삶의 통제감을 잃고 무기력해질 수밖에 없다. 부모가 아이의 미래에 대해 걱정하면서 온갖 안전장치를 마련하고 있으면 아이는 자신의 미래를 스스로 걱정하지 않는다. 부모가 위험 요소도 다 계산하고, 대비책도 마련하기 때문이다.

소아과 의사였다가 정신분석가가 된 도널드 위니컷은 지나치게 간섭하는 엄마, 자신이 아이보다 아이를 더 잘 안다고 생각하는 엄마가 동화 속 마녀의 원형이라고 한다. 건국대 심리학과의 하지현 박사는 그의 책에서 위니컷의 말을 빌려 이렇게 말한다. "'적당히 충분한 엄마(good enough mother)'가 아이에게 '적정한 좌절(optimal frustration)'을 경험하게 하는 것이 최선의 양육"이며, "완벽한 엄마가 아이에게 좌절과 실패 없는 삶을 경험하게 하는 것이야말로 재앙"이라고.

아이들 입장에서 생각해보자. 엄마와 아빠의 통제로 만들어지는 인생이 과연 자기 인생처럼 느껴질까? 자신 외에 아무도 제미래에 대해 책임지지 않는다고 느껴야 뭐라도 하고 싶어진다. 알아서 하지 않으면 그 결과를 스스로 감당해야 하니까 말이다. 그 결과는 굳이 부모가 알려주지 않아도 아이들도 이미 주변과 미디어를 통해 잘 알고 있다. 아이들이 어떤 결정을 하기 위해 스스로 대안을 탐색하고 선택할 권리를 갖지 못하는 것은, 실패할 기회조차 없는 셈이다. 사람은 실수할 수도 있고 실패할 수도 있다는 사실을 받아들이면 인생을 두려워하지 않고 모험과 도전을 즐기는 사람으로 클 수 있다. 부모들이 그리는 최악의 시나리오처럼 한 번의 실패로 인생이 재기 불능이 되는 법은 없기 때문이다.

아이가 이겨도 져도 응원하기

자기 확신이 부족한 부모는 자신이 부모 노릇을 잘한다는 것을 아이의 가시적 성과로 타인에게 확인받으려고 한다. 자신의 삶을 실패라고 생각하고 긍정하지 않는 부모의 태도가 아이들에게 어떤 영향을 끼칠까? 자신과 같은 실패를 겪어서는 안 된다며 몰아대기만 하는 부모에게 아이들은 어떤 마음을 갖게 될까? 요즘 아이들은 한글도 제대로 모르는 유치원 때부터 영어를 배워야 하고, 초등 4학년 때 성적이 인생을 결정한다고 닦달을 당한다. 어른들 세대에 비해 훨씬 빨리 '달리기'가 시작된다. 사람의 마음에도 에너지의 절대량이라는 것이 있고, 소진된 만큼 채워넣어야 한다. 완전히 바닥날 때까지 몰아대기만 한다면 아이들은 어느 순간 모든 에너지를 다 연소시켜버리고 멈춰버릴지도 모른다.

조선미 교수는 두 가지를 지적한다. 집은 안식처라는 것과 지금의 아이에게서 미래의 실패한 어른을 보지 말라는 것. 부모들은 집에서도 아이들에게 '열심히'를 독려하지만 집은 본래 쉬는 곳이다. 부모도, 아이들도 집에서는 조금 흐트러져도 괜찮다. 가뜩이나 가족과 함께하는 시간이 적어지는 현실 속에서 집에서까지 아이들을 옥죄지 말라는 것이다. 집에서만큼은 충분히 자고 놀고, 가끔은 컴퓨터 게임도 하고 TV 앞에서 시간을 보낼 수도 있다.

부모들이 아이들을 압박하는 가장 큰 원인은 지금 눈앞에 있는 아이가 아니라 먼 미래의 실패한 어른의 모습을 보기 때문이다. 사람은 오로지 실패를 통해서 배운다. 마음껏 실패할 수 있도록 아이를 풀어놓는 것, 그것이 중요하다. 넘어지기 전에는 배울 수 없는 것이 배움의 속성이다. 사람들은 실패에서 가장 많이 배운다. 진짜 부모 노릇은 아이들이 스스로 대안을 탐색하고, 스스로 결정하고, 그 결과에 대해서도 책임을 지는 진짜 어른으로 키우는 것이다.

부모의 가장 중요한 역할은 아이들이 실패했을 때 다독거리고 위로해주는 것이다. 무조건적인 응원군이 되는 것이다. 조선미 교수는 말한다. "공부를 잘하는 아이들은 학교에서 늘 칭찬받아요. 그렇지 않은 아이들은 어디에서 칭찬을 받을 수 있겠어요? 그런 아이들도 사랑과 칭찬을 받으라고 부모가 있는 겁니다." 책을 보거나 강의를 들으면서 아이에게 뭔가를 끊임없이 해주려고 노력하는 것보다 묵묵히 지켜보는 것이 더 부모다운 모습이다.

더 큰 문제는 부모의 삶에 개인으로서의 삶이 없다는 것이다. 부모들은 오로지 아이들과의 관계 안에서만 존재한다. 그렇지만 더 중요한 것은 부모 스스로 자신의 삶을 살아가는 것이다. 자신이 하는 일에 보람을 느끼며 행복하게 살아가는 부모의 모습을 보여주는 것보다 더 좋은 교육이 있을까. 부모는 교사도, 감독도, 대리인도 아니다. 작전을 짜서 지시하는 사람도, 아이가 해야 할 일을 대신해주는 사람도, 아이가 못하면 비난하는 사람도 아니다.

엄마나 아빠로서만이 아니라 개인으로서 자신의 삶을 살아가면서 아이들이 잘하고 있을 때도, 원하는 결과를 내지 못했을 때도 변함없이 응원해주는 사람이다. 불안과 불확실함은 아이들에게도 부모 자신에게도 모두 해당되는 삶의 속성이다. 그러므로 아직 오지 않은 미래의 불안을 지금의 아이에게 투사하지 말고, 지금 바로 내 앞에 있는 아이의 눈을 들여다보는 것, 미래의 아이가 아니라 지금 그대로의 아이를 보는 것이 가장 중요하다.

아이를 있는 그대로 바라보기

취재팀이 만났던 네 가족은 저마다 소통의 벽이 있었다. 녹화된 화면을 본 부모들은 충격을 받은 모습이었다.

촘촘하게 짜여진 시간표와 엄마 아빠의 쉴 새 없는 잔소리, 통제된 생활 때문에 '살고 싶지 않다'는 극단적인 생각까지 하던 재영이. 아빠는 떨어진 성적을 이유로 든 매 때문에 상처받은 아이의 마음을 다독여주고, 엄마는 시험 때마다 시간표 짜주던 것을 그만두었다. 늘 책상 앞에 웅크리고 있던 재영이는 콧노래를 부르며 거울 앞에서 머리를 매만지고 자기 시간을 스스로 알아서 챙긴다. 아빠는 무수히 했던 잔소리를 참는다. 아이에 대한 걱정을 조금 내려놓고 보니, 재영이가 이제 겨우 열다섯이라는 사실을 새삼스레 깨닫는다. 재영이는 출근하는 아빠 머리를 만져준다. 왁스도 발라주고 앞머리도 모양을 잡아 정성껏 넘겨준다. 아들의 손길을 느껴본 게 얼마만인지. 아빠의 마음이 뭉클하다. 재영이는 아빠에게 처음으로 문자도 받았다. 친구들과 점심 맛있게 먹으라는 간단한 말이었지만 기분 좋고 반갑다. 모처럼 영화도 함께 보며 신나게 웃었다. 이 모든 일들이 아직은 어색하지만 더 자주 하다보면 나아질 거라고 생각한다.

세 아이에 대한 일방적인 잔소리가 많아 식사 자리에서도 아빠와 눈 마주치기를 꺼렸던 세정이네. 세정이는 모처럼 아빠와 돈가스를 먹으러 나왔다. 생선가스를 시킨 아빠는 자기 것을 세정이 그릇에 덜어주며 생선도 좀 먹으라고 한다. 건강보험공단에서 밀가루, 밥 같은 탄수화물을 줄이라고 했다는 말을 덧붙이자 세정이가 한마디 한다. "아빠는 내가 하고 싶은 이야기를 듣겠다고 해놓고…." 아이에게 보탬이 되는 이야기를 해야 한다는 생각에 실수를 한 아빠는 민망하기도 하고 쑥스럽기도 하다. 세정이가 요즘 무엇에 관심이 있는지, 뭘 좋아하는지 물어본다. 운동을 좋아하는 세정이는 요즘 농구도 많이 하고, 축구도 많이 한단다. 축구를 하려면 제대로 된 운동화 한 켤레는 있어야지 싶어 말을 꺼내자 세정이는 아빠 입에 제 돈가스 한 조각을 넣어주며 어른스럽게 제일 싼 걸로 하나 사달라고 말한다. 세정이가 자기 이야기를 해준 덕분에 오늘 아빠는 세정이의 관심사를 조금 알게 되었다. 세정이의 솔직한 생각을 많이 들은 그날, 아빠는 조금 어색했다. 하지만 앞으로 더 많이 귀 기울여야겠다고 생각한다.

외동딸과 누구보다 친구 같은 엄마가 되기를 바랐던 은하 씨. 연수에게도 선생 노릇을 하며 아이 마음을 아프게 하고 있었다는 걸 깨달았다. 선생님이 아닌 아홉 살짜리 딸을 둔 연수 엄마가 되어 아이의 숙제를 다시 본다. "와, 잘 그렸네! 예쁘다." 연수가 활짝 웃는다. 내가 아이를 믿지 않으면 누가 믿어주겠나. 태어날 때는 존재만으로 대견했던 3킬로그램의 작은 아이였던 연수는 여전히 연수였고 앞으로도 그럴 것이다.

학업 성취에 대한 기대감이 높아 야단맞는 게 일상이었던 수현이는 학교에서 친구들에게 인기가 많다. 정의감이 많아 싸움 꾼으로도 통한다. 잘하고 싶은 마음은 수현이가 더 컸을 텐데, 부모로서 늘 더 잘해라, 왜 이렇게 못하니, 그런 말로 아이 기를 꺾고 있었다는 생각에 미안한 마음이 커진다. 이렇게 화통한 아이가 아빠나 엄마의 부당한 잔소리나 체벌을 얼마나 아프게 견뎠을까. 말없이 눈물을 훔치는 수현이를 엄마는 꼭 껴안아주었다.

네 가정의 부모님들은 아이를 뒤에서 감시하는 대신 아이와 어깨동무를 하고, 심판관이 되어 아이를 평가하기보다 작은 성취를 함께 기뻐하고 칭찬하기로 결심했다. 아이가 해야만 하는 것, 안 해서 놓치는 것들을 챙기느라 허둥거리기보다 아이의 발걸음에 보폭을 맞추려 노력하기로 했다. 아이들의 삶에 집중하

느라 소홀했던 자신의 삶에 대해서도 생각해보았다. 좋은 부모
가 되기 위해 질주하던 부모들은 아이들의 눈물과 속마음을 보
고서야 가장 중요한 것을 놓치고 있었다는 사실을 뒤늦게 깨달
았다. 부모라는 이름으로 살게 해준, 지금 곁의 아이를 있는 그
대로 바라보는 것 말이다.

프랑스 육아의 비밀

토요일 저녁, 오늘도 마트의 장난감 코너에서는 익숙한 실랑이
가 벌어진다. 아이는 온갖 슈퍼 히어로 피규어 장난감과 색색
의 레고 블록에서 눈을 떼지 못한다. 하지만 엄마는 필요한 물건
을 다 샀다. "동하야, 그만 가자" 아이 손을 잡아 끌어보지만, 아
이는 들리지 않는 모양이다. 샘플로 꺼내놓은 장난감 목마에 올
라탄다. 엄마가 제지한다. "안 돼, 이건 우리 것이 아니기 때문
에 타면 안 돼. 전시품이야." 마지못해 장난감 목마에서 내린 아
이는 이번에는 요즘 잘 나가는 미니 자동차 쪽으로 달음질친다.
"이게 마지막이다, 그럼? 이것만 타고 가자." 아이를 쫓으며 달
래듯 이야기해보지만 스스로도 확신이 없다.

 이 정도만 해도 다행이라는 생각이 들기도 한다. 반드시 갖겠
다고 붙들고 놓지 않다가 빼앗으려 들면 소리지르며 우는 통에
창피해서 사간 장난감이 한두 개던가. 어느 때는 아예 마트 바닥
에 드러누워 사지를 버둥거린 적도 있었다. 어느새 장난감 자동

차에서 내린 아이가 블록들을 이것저것 꺼내 늘어놓는다. 시계를 보니 돌아가려고 했던 예정 시간보다 40분이나 지났다. "엄마 곧 갈 거야. 혼자 있어." 단호하게 돌아서며 아이가 허둥지둥 따라오겠지 생각한다. 하지만 엄마가 혼자 가지 않을 거라는 걸 잘 아는지 아이는 따라오지 않는다. 도로 아이에게 가자니 단호하게 돌아섰던 게 무색하다. 이럴 때는 도대체 어떻게 해야 하는 건지 정말 난감하다.

한국에 살고 있는 프랑스 엄마 마리옹 씨도 세 살배기 알리스와 함께 쇼핑을 나왔다. 알리스가 장난감 코너를 지나가다가 좋아하는 프로그램 캐릭터 '토마스 기차'를 보고 반색을 한다. "엄마, 토마스 기차 갖고 싶어요." 기차를 손가락으로 가리킨다. "이건 큰 아이들 장난감이야. 넌 아직 안 돼." 알리스는 왜 갖고 놀 수 없는지 묻는다. "아직 세 살이라 가지고 놀기에는 어려." 윽박지르지도 않았는데 이내 고분고분 엄마 말을 듣는다. 알리스도 갖고 싶은 장난감이 많을 텐데 떼쓰지 않고 아이쇼핑만 즐긴다.

괴담을 확인하는 기분이다. 얼마 전 나온 프랑스 육아서가 괴담의 진원지다. 프랑스 아이들은 서너 살짜리 아이도 마트에서 떼를 쓰지 않는다. 음식을 먹을 때 소란을 피우거나 가려 먹지 않는다. 그럴 리가? 아이란 본래 그런 존재가 아니던가. 자기가 원하는 것을 얻기 위해 길바닥에 드러누워 사지를 버둥거리며 악을 쓰는 존재 말이다. 곤혹스러움보다 아이를 제대로 가르치지 못했다는 자괴감과 민망함에 원하는 것을 얼른 들어주고 그 자리를 모면하려던 경험이 누구나 있을 것이다. 그런데 프랑스 아이들은 뭐가 다른가? 도대체 프랑스 엄마들에겐 무슨 특별한 훈육의 비밀이 있는 걸까? 〈가족 쇼크〉 제작진은 프랑스 북부 노르망디를 찾았다. 아름다운 해안가와 소담스런 항구 풍경으로 유명한 지역이다. 이곳 르아브르에서 평범한 프랑스 중산층 가정을 찾아 그 비밀을 찾아보기로 했다.

프랑스 엄마와 한국 엄마는 어떻게 다른가

프랑스와 한국 가정의 양육 태도에서 보이는 결정적 차이는 '자율과 규제'다. 이것은 사회화가 중요한 발달적 특성인 5~6세 유아에게 가장 중요한 이슈다. 자아 중심성이 강했던 아이들은 이 시기가 되면 또래와의 상호 작용을 통해 다른 사람들의 관점을 이해하고, 자신이 살아가는 사회가 요구하는 가치관을 따르고 적절하게 행동할 수 있는 능력이 생긴다. 영아기에는 부모가 보호자 역할을, 걸음마 시기에는 보육자 역할을 맡았다면, 이 시기의 부모는 양육자로서 아이의 독립성과 사회성이 바르게 자리잡을 수 있도록 도와주어야 한다. 그런데 부모로부터의 독립과

규 자
제 율

사회와의 조화, 즉 자율과 규제는 부모들이 가장 난감해하는 과제다.

버클리 대학의 발달심리학자 다이애나 바움린드는 부모의 양육 태도가 아이의 사회적 능력에 큰 영향을 미친다고 보고 부모들의 양육 태도를 분석했다. 그에 따르면 부모들은 양육 태도에 따라 민주적·권위적·허용적 양육이라는 3가지 유형으로 나뉜다. 이 3가지 양육 태도 가운데 가장 바람직한 것은 민주적 양육 태도로 아이가 반드시 지켜야 할 규율에 대해서는 엄격하면서도 그 안에서 아이에게 최대한 자율성을 허용하는 것이다. 자율과 규제의 적절한 조화라고나 할까. 그렇다면 도대체 어느 때 아이의 자율성을 허용하고, 어느 때는 엄격하게 통제해야 하는 걸까? 프랑스 엄마와 한국 엄마를 비교해보자.

한국 수아네 "고집부리는 아이에게 언제까지 부드럽게 말해야 하죠?"

여기는 한국의 평범한 가정집. 올해 네 살인 수아와 엄마, 아빠가 살고 있다. 오전 7시 30분, 하루가 시작된다. 어린이집에 다니는 수아는 아직 꿈나라다. 자고 있는 수아를 들여다보던 엄마는 아직 좀 더 자야 할 것 같다고 한다. "어제 좀 늦게 잤는데, 이 상태로 깨우면 짜증을 낼 거 같아요." 수아가 단잠에 빠져 있는 동안, 정현 씨는 식은 밥을 국에 말아 재빨리 식사를 한다. 챙겨야 할 것들을 챙기고 아이를 깨우러 들어간다.

"수아야! 일어날 시간. 오늘은 소방서 가는 날이네."

수아는 깰 기미가 보이지 않는다. 방에 불을 켜자 결국 수아는 울음을 터뜨린다. 엄마는 우는 아이 앞에서 오래 버티지 못하고 항복한다. "알았어, 알았어. 조금만 더 자, 그럼." 엄마의 따뜻한 품속에서 금세 울음을 그친 수아는 이제 잠에서 깬 모양이다. "책 하나 가져올래? 무슨 책 읽고 싶어?" 책장에서 읽을 책을 고르는 수아의 뒷모습을 보며 엄마는 생각한다. 무엇보다 건강한 정서가 중요하다고. 그러기 위해서는 늘 아이의 기분과 감정에 공감해주어야 한다. 기상 시간에 더 엄격해지지 못하는 것도 그래서다. 아이는 오늘 물고기가 주인공인 책을 골랐다.

이제 아침 식사 시간. 엄마는 숟가락과 포크를 사용해 먹으라

수아가 스스로 고른 옷을 입도록 해주려는 정현 씨가 여러 벌을 꺼내오지만 수아는 본 척도 하지 않고 장난감만 만진다. 이럴 때마다 정현 씨는 속이 탄다. 아이의 자존감을 키워주고 싶은데 어디까지 존중해야 하는 건지 모르겠다.

고 말하며 챙겨준다. 멸치부터 집어먹는 수아를 보며 정현 씨는 밥도 먹으라고 거든다. 거실에 놓여 있던 장난감 자동차가 눈에 띄자 수아는 어느새 밥은 뒷전이고 장난감을 가지고 논다. 난감한 표정의 정현 씨가 숟가락을 들고 거실과 식탁을 오간다. 식탁에 얌전히 앉아 스스로 먹도록 가르쳐야 한다는데 정말 쉽지 않다. 밥 먹이랴, 나갈 준비하랴, 정신이 없는데 현관문 열리는 소리가 들린다. 새벽 근무를 마친 아빠가 돌아왔다. 수아가 어린이집에 늦었다는 뜻이다.

아빠와 짧은 인사 후에 옷 고르기가 시작된다. 엄마가 들고 온 빨간색 옷을 거부하는 수아. "나 놀 거야." "이거 싫으면 이 치마 입을까? 이거 수아가 좋아하는 치마잖아." 마음이 급해진 엄마가 좋아하는 옷을 가져와서 꼬셔보지만 수아는 다짐하듯 계속

이야기한다. "아무것도 안 입을 거야." 옷이 마음에 들지 않아서 인가 싶어 이번엔 옷장 안의 새로운 옷을 꺼내와 늘어놓는다. 마음에 드는 옷을 고르게 할 작정이다. 남편은 피곤한 목소리로 말한다. "애한테 그걸 고르라고 하면 답이 나와? 안 늦었어?" "그럼 자기가 입혀. 정말 늦었어, 빨리." 정현 씨의 날선 목소리에 남편은 알았다고 답하면서도 "왜 자꾸 압박을 해?" 하며 한소리한다.

정현 씨는 아이를 누구보다 사랑하지만 울면서 고집을 피울 때는 정말 난감하다. 아이의 감정을 존중해야 아이의 자존감이 커진다는 이야기를 들은 터라 자신은 되도록 안아서 이야기하고 달래주지만, 남편은 부모가 원칙을 가지고 안 되는 건 안 된다고 단호하게 이야기해야 한다고 한다. 육아책에서는 두 방법 다 중요하다고 하는데, 어떤 것이 맞는지 잘 모르겠다.

프랑스 일란네 "큰 틀 안에서 두세 가지의 선택권을 주면 돼요"

오전 7시. 엄마가 아이 이름을 부르며 침대로 다가간다. 여기서도 기상 전쟁이 벌어질까? 아이는 딱 한 번 자기 이름을 부르는 소리를 듣고 잠에서 깬다. 엄마 품에 안긴 일란에게 엄마가 묻는다. "잘 잤니?" "네." 올해 여섯 살이 된 일란은 처음 본 사람들에게도 낯을 가리지 않는다. 엄마는 잠에서 깨 거실로 나온 일란에게 영양제를 탄 우유를 건넨다. 그런데 컵이 아닌 젖병이다.

"아이가 젖병으로 마시고 싶어 해서요." 엄마는 대수롭지 않다는 듯 대답하고 아이에게 아침으로 영양소가 골고루 들어간 시리얼과 과일을 준다.

일란은 혼자서 유치원 갈 준비를 한다. 세수를 하고 칫솔질을 하고 옷을 갈아입고 가방을 챙긴다. 하지만 허리까지 닿는 머리 치장은 엄마의 손을 빌린다. 엄마는 아이의 머리가 흐트러지지 않도록 정성스레 땋는다. 모두가 긴 머리의 일란을 예쁜 여자아이라 생각하겠지만 사실 일란은 남자아이다. "머리가 왜 이렇게 길어?" 일란은 대답한다. "발끝까지 길어보려고요. 그때 자를 거예요." "가끔 사람들이 여자 같다고 그러지는 않니? 그래도 괜찮아?" "남자아이라고 말해주면 되죠." 그게 무슨 문제냐는 투다. 머리 기르는 일도 그렇지만 엄마는 일란에 관한 모든 일에 일란의 의견을 존중하려고 노력한단다. 그래서일까? 일란은 자신감이 넘쳐 보인다.

유치원 갈 준비로 바쁠 텐데, 일란은 음식물 쓰레기를 들고 베란다로 향한다. 코를 막고 통 하나에 쓰레기를 넣는다. 천연 발효액을 만드는 특별한 쓰레기통이다. 일란은 통에 달린 작은 꼭지 두 개를 가리키며 설명한다. "여기로 두 가지 액체가 흘러 나와요." 어디에 쓰는 거냐고 묻자, 비료로 쓸 거라며 한 꼭지에서 받은 액체를 화분에 준다. 아이가 환경을 생각하도록 엄마가 직접 만들어준 것인데, 엄마는 작은 것이지만 의미 있는 일들을 스

유치원 가기 전 일란은 스스로 음식물 쓰레기를 가지고 베란다로 나가 천연 비료를 만드는 통에 넣는다. 프랑스 엄마는 아이들이 스스로 할 수 있는 일을 찾아 선택할 수 있도록 도운 후 일단 규율이 되면 엄격하게 통제한다.

스로 할 수 있도록 환경을 제공해주려 노력한다고 한다.

"큰 틀 안에서 아이에게 두세 가지의 선택권을 주고 그 가운데 선택하도록 두는 건데, 이때 아이가 좀 더 적극적으로 참여하고 있다는 생각을 하게 돼요. 실상은 엄마가 뒤에서 주도권을 쥐고 있는 것임에도 불구하고요. 제 생각에는 이런 걸 경험한 아이들은 주어진 일에 대해서도 더 적극적으로 참여하려 하고 동기 부여가 되는 것 같아요."

잠시 후 일란의 유치원에 찾아갔다. 일란이 다니는 앙슬로 유치원에서는 블록 만들기가 한창이었다. 일란이 가장 좋아하는 수업이다. 좋아하는 수업인 만큼 적극적으로 참여한다. 선생님이 자기가 만든 블록을 설명할 사람을 찾자, 누구보다 먼저 손을 들고 발표할 기회를 얻는다. "제가 만든 이 블록은 악당을 죽이는 데 쓸 수 있고요. 길을 만드는 데 사용할 수도 있어요. 여기 사람 모양은 운전하는 사람들이에요." 자신의 생각을 또박또박 설명하는 일란은 장래 희망도 명확하다. "저는 엔지니어가 될 거예요. 물론 애완동물도 하나 키울 건데, 개를 키울 거예요. 저는 제 직업을 사랑하고 또 동물들을 사랑해요."

일란이 유치원에서 가지고 놀던 블록 통을 정리하는 동안 엄마도 바쁘다. 3년 전부터 지방 방송국 디제이로 일하고 있기 때문이다. 음향기기 앞에 앉은 엄마는 일란과 집에 있을 때와는 완전히 다른 모습이다. 부드러운 진행으로 인기를 얻고 있는 아그씨. 한국의 워킹맘들이 마음의 갈등을 가지고 살아간다는 것을 잘 아는 만큼 그의 마음이 궁금했다. "워킹맘으로 사는 게 힘들진 않나요?"

"물론 힘들 때도 있어요. 특히 아이가 피곤하거나 아프거나 기분이 안 좋을 때요. 하지만 저 혼자 아이를 돌보는 게 아니니까요. 남편이 집에서 많이 도와주고요. 가끔은 아이랑 수영장에 가거나 산책을 가서 제게 자유 시간을 만들어주기도 하거든요. 저로서는 쉬는 시간인 셈이죠. 하지만 아이는 제가 한 선택의 결과이고, 아이를 키우는 것은 일과 다르니까요."

[규제 : 한국 vs. 프랑스]

한국 엄마 윤겸 씨 "규칙을 엄격하게 지키려고 하는데 계속 흔들려요"

이제 세 살이 된 한나는 요즘 부쩍 무엇이든 혼자 하려 든다. 양말 신기나 옷 입기처럼 어려운 일들도 엄마 손을 뿌리친다. 점퍼의 지퍼 올리는 게 만만치 않은 모양이지만 이쪽 손도 함께 써보라는 조언만 할 뿐 엄마도 아빠도 한나가 스스로 마칠 때까지 기다려준다. "됐네!" 시간은 좀 걸렸지만 혼자 옷 입기를 마친 한나는 뿌듯한 얼굴이다. 오빠 아람이 역시 유치원 갈 준비를 스스로 한다. 식탁에서도 마찬가지. 한나가 물을 달라고 하자 엄마는 "네가 갖다 먹어야지" 하고 말한다. 엄마 윤겸 씨는 아이들이 자립심 강한 아이로 크길 바라 일찍부터 아이들 스스로 할 수 있는 일들을 엄격하게 구분하고 있다. 예절과 규칙에 대해 가르치고 좋은 습관을 들이기 위해 아이들에게 다소 엄격하게 대하지만 자신의 이런 훈육이 괜찮은 것인지 윤겸 씨는 때때로 불안하다.

아무래도 아빠보다 아이들과 부딪힐 일이 많아서 그런지 아이들이 아빠를 더 좋아하는 것도 마음에 걸린다. 윤겸 씨 옆에서는 혼날까 봐 늘 긴장하는 것 같아 자신이 너무 아이들을 힘들게 하는 건 아닌지 염려도 된다. 육아책마다 이만한 또래의 아이들에게 규칙을 정해주고 그걸 지킬 수 있게 부모가 일관성 있게 지도하는 건 아주 중요한 일이라고 하던데, 아이들 생각이나 감정과

혼자 할 수 있는 일은 결코 도와주지 않는 윤겸 씨는 식사 예절을 중요하게 여긴다. 밥그릇으로 장난치는 한나에게 "그러다 엎으면 엄마한테 많이 혼날 것 같아"라며 경고의 말을 한다. 기어코 물을 쏟고는 엄마의 눈치를 살피는 한나. 윤겸 씨 얼굴에 화난 기색이 역력하다. "밥 먹을 거야, 안 먹을 거야? 안 먹을 거면 지금 치울 거야." 목소리가 딱딱하다. 엄마 얼굴을 본 한나는 얌전히 밥을 먹는다.

는 상관없이 자신이 원하는 대로만 아이들을 억지로 끌고 가는 건 아닌가 그런 생각이 문득문득 든다.

프랑스 엄마 고드리 씨 "규칙을 정할 땐 아이와 함께, 정한 후엔 엄격히"

유치원에 다니는 두 딸의 엄마 고드리 씨. 점심 시간마다 두 딸의 점심을 챙기기 위해 집으로 향한다. 번거롭지만 아이들이 엄마의 정성이 깃든 음식을 먹고 잠깐이나마 휴식을 취할 수 있기 때문이다. 집에 온 마리는 좀 전에 집어든 책이 재미있었는지 식탁 앞에 앉지도 않은 채 독서 삼매경이다. 그런 몰입이 대견하기

또 다른 프랑스 가정 장(5세), 수잔(3세), 그리고 오브리 씨와 라파엘 씨 부부의 식사 풍경. 프랑스 아이들은 가장 먼저 식탁 예절을 배운다. 다른 문화권에 비해 식사 시간이 길지만 대부분의 프랑스 아이들은 그 시간 동안 차분히 앉아 견딘다.

도 할 텐데, 고드리 씨는 단호하게 책을 뺏으며 식탁에 앉도록 한다. 두 딸 로즈와 마리에게 가장 엄격하게 가르치는 것 가운데 하나가 바로 식사 예절이기 때문이다.

마리와 로즈에게 접시를 건네며 고드리 씨는 말한다. "빵 내려 놓고 접시 받아야지, 자세 똑바로 하고." 로즈보다 아직 어린 마리에게는 특히 더 엄격하다. 다른 데 정신을 파느라 행동이 자꾸 느려지고 어수선해지자 고드리 씨는 다시 한 번 나무란다. "마리, 마리, 엄마가 몇 번 불렀니? 피곤해서 쉬고 싶으면 얼른 먹어야지." 규칙을 가르칠 때만큼은 목소리 톤도 다르다.

주말 저녁에도 예외는 없다. 장난감들로 발 디딜 틈 없는 마리의 방. 주말이라 조금 느슨해도 될 텐데, 고드리 씨는 방 청소를 언제 할 건지 묻는다. 마리가 지금은 하고 싶지 않다고 말하자, 고드리 씨는 더 길게 말하지 않고 한마디만 한다. "이따가 와서 검사할 거야. 시간 끌지 말고 해." 들은 척도 않는 마리에게 고드리 씨의 목소리가 점점 높아지자, 엄마의 목소리를 들은 아빠도 "마리, 엄마 말씀 들어야지" 하고 거든다. 꼼짝할 생각이 없어 보이는 마리에게 다시 올 때까지 정리해두라고 마지막 경고를 보낸다.

얼마 후, 엄마는 방 안으로 들어와 아이가 듣고 있던 오디오를 끄고 "그만!"이라고 말하지만 절대 아이를 돕거나 대신 해주지는 않는다. 스스로 치우도록 지시할 뿐이다. 결국 마리 스스로 침대 여기저기에 흩어져 있던 옷들을 옷장 안에 넣고 장난감들을 상자에 넣는다. 드디어 깨끗해진 방 안. 고드리 씨가 청소 상태를 확인하고 "좋아, 이제 됐어"라고 말하자 마리의 얼굴도 환해진다. 스스로도 뿌듯한 모양이다. 어떤 상황에서도 이렇게 규칙을 지키도록 하는 것이 고드리 씨의 훈육 원칙이다. 아이 스스로도 자신이 지켜야 하는 규칙이 무엇인지 알 수 있도록 표를 만들어 일주일 단위로 점검한다.

"이번 주에 안 지킨 건 세 개밖에 없어요." 엄마 아빠와 함께 점검표를 보며 마리가 말한다. 아빠가 주 초반에 안 지킨 게 좀 많았다는 것을 지적하자 마리 스스로 자신이 안 지킨 것을 확인해본다. 이 규칙들과 각 규칙에 매겨진 점수는 모두 마리가 부모와 함께 정한 것이다. 규칙을 잘 지켰을 때 엄마 아빠는 칭찬을 아끼지 않는다. 정한 규칙 안에선 엄격하지만 규칙 밖에선 더 없

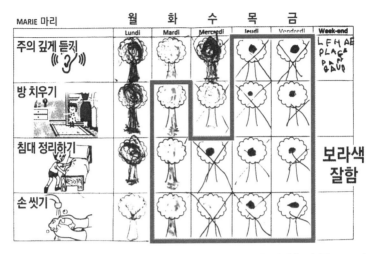

프랑스 아이들은 부모와 함께 규칙을 정하고 그것을 철저히 점검받는다. 아무리 어려도 아이들 스스로 판단하고 책임질 수 있다는 믿음이 무엇보다 중요하다.

이 부드럽고 인자한 부모다. 마리는 이런 작은 생활 규칙을 정하고 지키는 데서 성취감을 얻는다.

프랑스 부모처럼 생각하는 체크리스트

스스로 자신의 양육 능력을 신뢰하고 있는가

고드리 씨나 윤겸 씨나 아이들에게 생활 규칙을 정하고 그것이 잘 지켜지도록 엄격하게 대하는 것은 똑같아 보였다. 그런데 전문가들의 조사 결과, 이 둘 사이에는 결정적인 차이가 있었다.

바로 육아 효능감의 차이다. 육아 효능감은 자신의 육아 능력에 대한 믿음을 말한다. 부모의 육아 효능감이 높으면 아이에게 따뜻하고 긍정적인 태도를 보이고, 아이의 요구에 민감하며, 훈육 문제가 발생해도 대체로 매끄럽게 해결한다. 하지만 부모 효능감이 낮으면 아이에게 강압적이고 체벌적이 되기 쉽다. 특히 한국 엄마들에게서 일상 체계 조직에 대한 효능감이 낮게 나타났는데, 이방실 연구 교수(가천대학교 세살마을 연구원)는 이에 대해 이렇게 말한다. "일상 체계 조직에 대한 효능감이 낮다는 건 부모 스스로가 아이들의 시간표를 잘 지키게 하고 있지 못한다고 느낀다는 거예요. 아이에 맞춰 정해놓은 기준인데도 일관되고 엄격하게 적용하지 못하고 상황마다 다르게 적용하는 거죠. 그럴 경우 효능감이 떨어지게 되어 있습니다. 꼭 지키도록 한 것도 '오늘은 야외 활동이 많아서 아이가 힘들 텐데 씻지 말고 자지, 뭐' 이렇게 하는 거예요. 그러면 아이가 일상생활의 규칙성을 가질 수 없겠죠. 그리고 부모들 스스로 '아, 이런 부분은 난 정말 못하는 것 같아'라고 생각하니까 양육 효능감이 떨어질 수밖에 없습니다."

프랑스 어머니들의 높은 양육 효능감. 스스로의 양육에 자신감을 갖고 있는 프랑스 엄마들에게는 과연 어떤 비밀이 있는 것일까? 비밀을 알아보기 전에 프랑스 엄마와 한국 엄마의 양육 태도를 비교한 결과표에서 주의 깊게 볼 것이 있다. 그것은 한

한국과 프랑스 어머니의 양육 효능감 비교

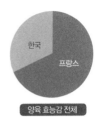

양육 효능감 전체

	한국	프랑스
애 정	3.05	3.27
놀 이	2.87	3.15
훈 육	2.67	3.03
일상 체계 조직	2.86	3.02
교 육	2.78	3.09

● 4점 만점

한국과 프랑스 어머니의 양육 불안 비교

양육 불안 전체

	한국	프랑스
부모 역할 효능감에 대한 불만	2.54	2.03
자녀와의 애착 불안	1.97	1.67
자녀에 대한 염려	2.42	1.94
사회적 지지에 대한 염려	2.00	1.80
완벽주의로 인한 불안	2.20	2.24

● 4점 만점

자료·분석 | 가천대학교 세살마을 연구원
조사대상 | 한국 경기도 지역 어머니, 프랑스 르아브르 지역 어머니

프랑스 엄마와 한국 엄마의 양육 태도를 비교한 결과표. 한국 엄마들은 스스로 자신이 잘하고 있다고 생각하는 육아 효능감이 프랑스 엄마들에 비해 많이 낮다. 특히 한 번 정한 규율을 끝까지 관철하는 일상 체계 조직 면에서 약한 모습을 보였다. 대신 양육 불안 면에서는 한국 엄마들의 불안 수치가 프랑스 엄마에 비해 훨씬 높다.

국 엄마들의 육아 불안이 프랑스 엄마들에 비해 훨씬 높다는 점이다.

이 불안을 과연 개인적인 것이라고만 할 수 있을까? 불안은 본래 인간의 생존에 꼭 필요한 방어 기제다. 위험한 상황이 되면 사람은 불안을 통해 자신을 보호할 수 있다. 어른보다 약한 존재인 아이를 돌보면서 부모들이 불안을 느끼는 것은 당연하다. 하지만 과도한 것이 문제다.

한국 부모가 느끼는 이 과도한 불안 속에는 개인적인 요인만 있는 것이 아니다. 부모와 아이, 가족이 사회라는 맥락 안에 존재하는 이상 우리나라 부모들이 느끼는 양육 불안은 사회적 상황과도 맞물린다. 지금은 안정되어 있더라도 조금만 삐끗하면 돌이킬 수 없는 지경에 이르고, 한 번 굴러떨어지면 보호해줄 사회의 안전망이 없는 사회에서 살아가는 부모는 불안하다. 쉽게 바꿀 수 없는 거대한 구조적 문제이기에 사람들은 개인적인 해결책을 찾을 수밖에 없다. 이런 사회에서 아이를 낳는 것도 용기고, 낳은 아이를 키우는 데는 더 큰 용기가 필요하다.

아이에 대한 노심초사는 과잉보호를 낳고, 좋은 부모가 되어야 한다는 압박은 아이를 부모의 확장으로 보게 만든다. 불안한 사회에 성공적으로 안착한 아이의 모습이 곧 부모의 성취로 갈음되기에 아이의 실패나 좌절을 견디지 못한다. 불안한 한국 엄마는 아이가 정답만을 맞추도록 유도한다. 하지만 불안이 적고 양육 효능감이 높은 프랑스 엄마는 아이 스스로 좌절과 실패의 경험을 통과하고 수습하도록 놔둔다. 카트린 버니어 박사(프랑수아즈 돌토 협회, 유아정신분석학)는 그것에 대해 이렇게 말한다.

"아이에게 뭐든지 "그래"라고 말하는 허용적 부모는 아이의 편에서는 좋은 부모겠죠. 하지만 그것은 결과적으로 좋은 부모가 아닙니다. 왜냐하면 우리가 살아가는 동안 항상 "그래"라고 할 수 없기 때문이죠. 아이가 스스로 앞으로 나아갈 수 있으려면 부모가 "안 돼"라고 말할 수 있어야 합니다. 그 말은 "내가 너를 품 안에 두고 있을 수는 없어. 하지만 대신 너는 걸을 수도 있고 뛰는 것의 즐거움을 스스로 발견할 수 있어"라는 뜻입니다. 부모가 말하는 '안 돼'라는 말의 다른 측면은 아이가 독립적인 개인이며 스스로 할 수 있는 힘을 가지고 있다는 뜻이기도 한 거죠. 대신 아이가 거절을 잘 받아들일 수 있도록 부모는 아이를 이끌고 다른 해결 방법을 찾을 수 있게 도와주어야 합니다."

김윤겸 교수(가톨릭대학교 심리학과) 역시 훈육이 단순히 아이를 야단쳐서 무언가를 제지하는 것이라고 생각해서는 안 된다고 조언한다. "사실 훈육은 부모님을 위한 게 아니라 아이를 위한 거예요. 아이들에게 여러 가지 상황에는 이런 규칙이 있고 다른 사람을 배려해야 된다는 것을 분명히 가르쳐주면, 아이들이 어떤 새로운 상황에 놓이더라도 혼란스럽지 않게 자기 일을 하나하나 쉽게 해결할 수가 있어요."

제대로 된 훈육은 아이를 부모와 똑같은 하나의 인격으로 대하며 아이들 스스로 좌절을 극복할 수 있는 기회를 주는 것이다. 그 과정에서 아이들은 살아가면서 힘이 되는 인내심, 자제력 등을 배우게 된다. 그렇다면 프랑스 부모들의 규제와 자율이 실제로 어떻게 구현될까?

아이의 좌절과 실패는 아이의 몫임을 인정하고 있는가

일란은 일주일에 한 번 합기도를 배운다. 엄마인 아그 씨가 아이와 함께할 수 있는 운동을 찾다가 이왕이면 인내심과 예의를 배울 수 있는 동양 무술을 택했다. 체육관에는 나이도, 인종도, 국적도 다양한 아이들이 모이기 때문에 사회성을 키우는 데도 큰 도움이 될 거라 기대했다. 그런데 연습 중 친구와 감정 싸움이 벌어졌다. 마음이 여린 일란이 그만 울음을 터뜨렸다. 같은 공간에서 운동을 하고 있던 아그 씨가 당연히 달려갈 것으로 생각했지만 아그 씨는 멀리서 사부님이 아이를 일으켜 세우는 것을 지켜보기만 했다.

사부님이 다치지 않았다는 것을 확인했지만 일란은 울음을 그치지 않는다. 그제야 엄마가 다가와 혹시 다쳤는지 다시 확인하고 잠깐 쉬도록 권했다. 일란이 감정을 추스르도록 시간을 주려는 것이다. 아그 씨는 자신이 혼자 돌아가서 운동을 계속 해도 좋은지 묻고, 괜찮아지거든 다시 오라고 이른 후 돌아선다. 서럽게 우는 아이에게 너무 냉정한 게 아닌가, 몸은 안 다쳤어도 마음은 상했을 텐데 위로라도 건네지 싶었지만 아그 씨는 아이 스스로 좌절이나 절망의 순간을 극복할 수 있다고 믿고 있다. 원래는 가서 알은체하는 행동도 하지 않지만 다른 사람 수업에 방해가 되는 것 같아 개입했다고 덧붙였다. 잠시 후 일란은 언제 그랬냐는 듯 다시 기분이 좋아져서 선생님과 연습에 돌입했다. 이

일란은 친구와 작은 실랑이가 있어서 울기까지 했지만 엄마 아그 씨는 옆에 붙어 달래는 대신 일란이 자신의 감정을 혼자 수습하도록 내버려둔다.

런 작은 좌절의 경험들이 아이를 조금 더 강하게 만들 것이라고 아그 씨는 생각한다.

운동을 마치고 집에 돌아온 늦은 오후, 소파에서 혼자 놀고 있던 일란이 엄마에게 게임을 해도 되는지 묻는다. 엄마는 흔쾌히 그러라고 말한다. 뜻밖이다. 컴퓨터를 켜고 좋아하는 게임을 띄운 일란에게 엄마는 게임을 얼마나 할 것인지 묻고, 시간을 합의로 결정한다. 20분만 하겠다는 말에 엄마는 정확하게 타이머를 맞춘 휴대폰을 컴퓨터 옆에 놓아둔다. 엄마와의 약속 시간을 과연 일란이 지킬 수 있을까? 20분 만에 게임을 딱 멈출 수 있을까? 20분 후 알람이 울리자 일란은 곧바로 컴퓨터를 껐다. 일란은 약속 시간을 지키는 데 예외가 없다는 것을 알고 있다. 규칙을 지키지 않을 경우, 그 결과에 대해 책임을 져야만 한다는 사실도 여러 번의 경험을 통해 잘 알고 있다.

식사가 끝날 때까지 자리를 옮기려면 부모의 허락을 받아야 하지만 전채부터 후식에 이르는 지루한 식사 시간이 끝나고 나면 선물 같은 자유 시간이 틀림없이 온다는 것을 프랑스 아이들은 안다. 인내의 끝이 달콤하다는 것을 자연스럽게 배우는 것이다. 또, 잠자리에 들어야 하는 시간이지만 잠이 오지 않으면 엄마와 합의점을 찾을 수 있다는 것 역시 잘 안다. 엄격한 규율 안에서도 부모님이 자신의 선택과 의견을 존중해준다는 믿음이 있다. 프랑스 엄마들은 아이가 아무리 어려도 아이의 생각을 존중하는 대화를 지속적으로 나눈다. 아이들이 스스로 해결 방법을 못 찾을 수도 있다. 그럴 때 엄마는 해결하려는 문제가 정확하게 무엇인지 알려주고 엄마 입장의 해결 방법을 제시한다. 그리고 아이의 생각을 묻는다. 문제와 여러 해결책을 들은 아이들이 스스로 선택하거나 결정하게 하는 것이다.

나의 기대를 아이에게서 충족시키려고 하지는 않는가

전 파리 10대학 교육심리학과 교수인 프레드릭 퀴지니에 교수는 이렇게 말한다. "프랑스 부모들은 아이와의 의사소통이 가장 중요하다고 생각합니다. 아이가 말하기 시작하면서부터 사람들은 아이가 어떻게 느낄지 걱정하죠. 그건 아주 중요해요. 시키는 대로 하라고 하면 아이들도 상처받아요." 아이들이 가진 고유성을 존중하는 것, 부모와 아이가 서로 다른 의견을 가질 수 있는 독립된 인격체라는 것을 어릴 때부터 분명히 하는 것이다. 이러한 프랑스 육아 철학은 프랑스의 대표적인 정신분석가 프랑수아즈 돌토(1908~1988)에서 비롯되었다. 그전까지만 해도 아이는 하나의 작은 주체, 미래의 한 인격체가 아니라 단지 교육해야 할 미숙한 대상에 불과했다.

그런데 프랑수아즈는 아이가 어른과 똑같이 욕망이나 관점, 불안과 두려움을 가진 실재하는 독립된 인격체라고 생각했다. 그래서 부모는 그들에게 귀를 기울이도록 노력해야 한다고 주장했다. 그때부터 아이를 제대로 키운다는 것은 그들의 이야기를 잘 듣는 것이 되었고, 아이들은 정말로 부모님과 '함께' 살며 키워졌다. 여기서 '함께'라는 뜻은 대화가 있는 공동체를 말한다. '너희들은 어른들의 세상에 대해 잘 몰라, 너희들이 사는 세상은 어른들의 세상과 달라'가 아니라 아이들에게 부모가 사는 삶에 대해 설명해준다. 무엇을 해야 하는지, 특정 상황에서 왜 그에 맞게 행동해야 하는지, 사람들이 그들에게 기대하는 바가 무언지에 대해 설명해준다. 그러면 아이들은 삶에 대해 잘 알게 된다.

우리나라는 아이들끼리 아이들 세상을 살아가고 부모의 삶은 따로 있다. 심지어 부모는 아이를 자신의 분신, 즉, 확장된 자아로까지 여긴다. 물론 아이들은 아기였을 때 부모와 자신을 동일시하는 과정을 거친다. 하지만 부모가 무의식중에 아이를 자신의 일부로 생각하고 대하는 경향은 우리나라에서 특히 강하다. 아이를 자신의 욕망을 이뤄줄 '또 다른 나'라고 여기는 것이다. 아이는 부모님 대신 살려고 태어난 것이 아니다. 육아의 유일하고도 바람직한 목표는 아이가 한 사회의 구성원으로 독립적인 삶을 잘 살아가도록 하는 것이다.

프랑스에서 아이들은 일어나는 모든 일에 진짜로 참여한다. 아이들을 어른으로 간주하는 것은 아니지만 그들이 어른들과 동등하게 사고력을 갖추고 있다고 생각한다. 그래서 현실 삶에서 일어나는 많은 일들에 대해 함께 생각하도록 한다. 프랑스에서 아이들과 부모가 함께 식사하는 시간이 그토록 엄격하게 지켜지는 이유도 이 때문이다. 그런 자리를 통해 아이들은 삶에 참여한다. 그렇게 가족이 모이는 자리에서 부모와 아이는 정말 중요한 일들, 아이들이 가족의 상태를 이해할 수 있는 모든 일들에 대해 이야기한다.

하지만 한국 부모는 아이의 삶이 자신의 기대에 맞게 안전한 방향으로 나아가도록 도와야 한다고 생각한다. 여기에는 아이가 스스로 자신의 삶을 책임질 수 있는 독립된 인격체가 아직 아니라는 생각, 그래서 규칙을 정한다고 하더라도 아이들이 제대로 지킬 수 없을 것이라는 불신이 깔려 있다. 자신이 정한 육아 원칙에 대해 끊임없이 의심하며 흔들리는 것도 마찬가지 맥락이다. 내 기대는 이만큼인데, 아이가 못 따라올 것 같으니까 자꾸 흔들리고 불안해하는 것이다.

만족 지연 능력을 제대로 키워주고 있는가

아이는 하나의 독립된 인격체다. 아이들은 깊은 정서적 고통과 즐거움을 느낄 수 있는 능력이 있고, 어른과 마찬가지로 각각 독특하며 존중받을 가치가 있는 존재다. 그리고 이러한 존중은 아이들에게도 사회 구성원으로서 책임져야 할 일이 있음을 아는 것과 연결된다.

프랑스에서 유치원을 운영하며 유아 교육의 첨단에 있는 에릭 르폴 원장과 에릭 루푸 원장은 유치원에서 가장 중요하게 생각하는 것은 '자립심'이라고 입을 모은다. 자신이 할 수 있는 일을 스스로 알아서 하는 것. 그리고 그 자립심의 원천은 할 수 있는 일과 할 수 없는 일을 구분하는 것에서 시작된다고 한다.

일단 자립을 한 후에는 함께 더불어 살아가는 법을 배운다. 유치원에서 가르치는 것 중 가장 중요한 것은 사회성이다. 아이들은 수업을 듣고 놀면서 유치원의 규율을 배우고 함께 지내는 선생님과 다른 아이들을 존중하는 법을 배운다. 인간은 누구나 사회에서 살아가므로 예의와 규율을 통해 살아가는 법을 익히게 된다. 다른 사람을 배려하고 존중하면서 내가 하고 싶은 대로 다 할 수는 없다는 것을 배운다. 이런 과정을 통해 아이들은 살아가기 위해 절제와 인내가 필요하다는 것을 자연스럽게 알게 된다.

어린 시절부터 자신의 의견을 존중받으며 자립심을 키우고, 다른 사람을 배려하며 인내와 절제를 배우는 프랑스 아이들. 과연 이런 과정이 아이들에게 어떤 영향을 미치는지 알아보기 위해 제작진은 만족 지연 능력 테스트를 해봤다.

1966년 스탠포드 대학의 월터 미셸 박사가 시도한 '마시멜로 테스트'를 응용한 이 실험은 아이들에게 초콜릿을 한 개 준 후 먹지 않고 15분 동안 기다리면 초콜릿을 하나 더 주는 것이다. 그사이 참지 못할 것 같으면 종을 치고 먹도록 했다. 아이들에게 15분은 꽤 긴 시간이다. 제아무리 프랑스 아이들이라고 해도 그 시간을 잘 참고 견뎌낼 수 있을지.

프랑스의 한 유치원에서 실행한 실험에서 놀랍게도 아이들은 모두 눈앞의 유혹을 견디고 상으로 초콜릿을 하나씩 더 받았다. 선생님의 잘했다는 칭찬과 함께 초콜릿 두 개를 얻은 아이들의 얼굴에는 뿌듯함이 가득했다. 원하는 것을 얻기 위해 자신의 욕구 충족을 미루는 능력을 가진 아이들은 청소년기의 자아 탄력성과 인지 기능이 향상되고 또 좌절과 스트레스를 극복하는 자아 통제력이 발달해 학업 성취도 매우 높다고 한다.

한양사이버대학교 아동학과의 조희연 교수는 이렇게 말한다. "아이들 같은 경우에는 부모가 환경을 어떻게 만들어주느냐가 굉장히 중요해요. 사실 규칙을 만들어놓으면 부모만큼 힘든 사람들이 없거든요. 한 번 규칙을 정하면 그 규칙을 지키기 위해

만족 지연 능력 실험에 참여한 프랑스 아이들. 초콜릿을 한 개 주고 15분 동안 종을 치지 않고 기다리면 초콜릿을 하나 더 주기로 했다. 프랑스 아이들은 모두 15분을 기다려 보상을 받았다.

부모가 뼈를 깎는 노력을 해서 무슨 일이 있어도 그것을 지켜가는 모습을 보여주어야 합니다. 그런 과정을 통해 아이가 '힘들어도 참고 무언가를 해야 되겠구나'라고 느끼며 그런 분위기를 저절로 익히게 되죠. 이런 환경이라면 아이들의 만족 지연 능력을 더 잘 키울 수 있을 것입니다."

특히 프랑스에서는 아이에게 일찌감치 기다림을 가르친다. 갓난아이가 울어도 바로 달려가지 않고 15분 정도 기다렸다가 가는 것이다. 아기가 태어나도 가정의 중심은 부부다. 때문에 아기라는 새로운 가족이 생겼을 때, 아기의 생활 리듬을 파악한 후 규칙적으로 양육하려고 한다. 그래서 특별히 아기가 아파서 우는 것을 제외하고는 우는 것에 대해 우리나라처럼 민감하게 반

만족 지연 능력은 양육자의 태도가 결정한다?

그렇다면 만족 지연 능력은 어떻게 하면 높게 기를 수 있을까? 여기에는 부모의 양육 태도가 중요한 역할을 한다. 이 같은 사실을 알아보기 위해 국내 유치원의 협조를 얻어 한 가지 실험을 준비했다. 부모의 양육 태도가 동일한 어린이를 선별해 임의로 10명씩 신뢰와 비신뢰 그룹으로 나눈 후 미술 수업을 진행했다. 두 그룹의 교사들은 수업을 시작하기 전에 미리 수업에 사용할 미술 재료들을 아이들에게 설명해주고, 10분 후에 주겠다고 아이들에게 약속했다. 10분 후, 신뢰 그룹의 교사는 약속한 대로 재료들을 아이들에게 나눠주었지만, 비신뢰 그룹의 교사는 깜박했다고 하며 일부 재료를 빠뜨린 채 나눠주었다.

2회 이상 이런 실험을 반복한 후, 두 그룹의 아이들을 대상으로 다시 마시멜로 테스트를 했다.

아이에게 한 개의 젤리를 주고 15분간 먹지 않고 기다리면 두 개의 젤리를 선물로 주도록 하고, 15분을 기다리지 못할 것 같으면 주어진 종을 쳐서 실험을 끝내도록 했다. 과연 신뢰 그룹과 비신뢰 그룹 사이에 차이가 나타났을까?

아이들에게 15분을 기다리는 일은 쉽지 않았다. 의연하게 15분을 기다리는 아이들도 있었지만 젤리를 안 보려고 딴짓을 하거나 선생님이 방을 나가자마자 안절부절하며 울음을 터트리기도 했다. 실험 결과는 예상한 대로 신뢰 그룹에 비해 비신뢰 그룹 아이들의 성공률이 4:7 정도로 더 낮게 나타났다. 이것은 만족 지연 능력이 타고난 것이 아닌 양육자와의 신뢰 관계에 따라 더 잘 길러지고 훈련될 수 있다는 뜻이다.

이 신뢰-비신뢰 마시멜로 실험은 2012년 미국 록펠러 대학 키드 교수팀의 연구로, 신뢰와 비신뢰 환경을 경험한 아이들에게 마시멜로 실험을 진행하여 만족 지연 능력이 환경에 대한 신뢰도와 관련이 있음을 밝혔다. 실험 결과 양육자가 신뢰를 지키면 아이들의 만족 지연 능력이 올라갔다. 그러나 양육자가 약속을 지키지 않는 모습을 반복적으로 보여줄 경우, 아이들의 만족 지연 능력은 확연히 떨어졌다. 이를 통해 양육자의 태도가 일관되면 아이들은 스스로 인내와 절제를 배운다는 것을 알 수 있다.

신뢰 그룹	비신뢰 그룹

실험 결과 성공한 인원수

신뢰 그룹 — 7명

비신뢰 그룹 — 4명

각 그룹별 실험 참가인원 10명

응하지 않는다. 바로 안아주기보다 왜 우는지 살피며 어른에게
하듯 묻는 것으로 대신하는데, 잠투정을 하는 것이면 지금 자야
하는 이유를 조용히 설명하며 자장가 소리가 나는 모빌을 틀어
준다. 아기의 성격에 따라 다르겠지만 이런 약간의 기다림은 아
기에게 인내심과 아기 스스로 자신의 생체 리듬을 찾아갈 수 있
는 시간을 제공한다.

감정 절제를 일관성 있게 교육하고 있는가

아이가 조금 더 자라서는 기다리는 동안 스스로 생각해볼 수 있
게 된다. 이런 시간을 통해 아이들은 원한다고 해서 모든 것을
다 가질 수는 없다는 것, 타인과 함께 사는 사회에서는 지켜야
하는 규칙과 예절이 있다는 것을 자연스럽게 배우게 된다. 프랑
스에서는 공공장소에서 다른 사람을 불편하게 하는 행동이나 예
의에 어긋나는 행동을 했을 때, 정확하게 잘못된 점을 알려주고
엄하게 야단을 쳐서 다음에 또 그런 행동을 하지 않도록 가르치
는 게 일반적이다. 이런 절제와 기다림이 아이에게 만족 지연 능
력을 길러준다.

특히 감정을 절제시키는 교육은 아이와 함께하는 일상생활에
서 자주 맞닥뜨리는 상황인데, 부모 역시 일관성 있게 지켜나가
기 참 어렵다. 하지만 이럴 때도 부모가 흔들림이 없어야만 한
다. 아이가 정당한 요구를 했을 때는 가급적 들어주되, 옳지 못

프레드릭 퀴지니에 교수는 "인내심을 가지는 것은 중요합니다. 왜냐하면 그것은 특히 자신의 분노와 그 밖에 다른 감정을 조절할 수 있기 때문이죠. 또 참을성의 차원이 아니라 주의력이라는 큰 분류 안에 넣을 수 있는 다른 요소들도 조절할 수 있도록 하기 때문입니다"라고 말한다.

한 행동을 하며 떼를 쓰는 경우라면 그것이 왜 잘못된 행동인지 낮고 엄격한 목소리로 잘 설명을 해주고 아이가 자신의 행동에 대해 생각해볼 수 있는 시간을 주는 것이 좋다. 손님이 와 있다고 해서, 혹은 특별한 상황이라고 해서 "그래, 오늘 한 번만이다"라는 식의 교육은 아이에게 떼를 쓰면 원하는 바를 얻을 수 있다는 경험을 주는 셈이다.

　여기서 중요한 것은 아무리 떼를 써도 아이의 요구를 들어줄 수 없다는 것을 반복하여 설명하는 것이다. 아이에게 아무런 설명 없이 무조건 "안 돼" 하는 식의 강압적 절제 교육을 한다면 아이는 새로운 도전을 두려워하는 좌절감이 큰 아이가 되기 십상이다. 아이의 감정을 읽은 후 아이가 원하는 것이 무엇인지 잘 알지만 지금 요구를 들어줄 수 없는 이유를 어른에게 얘기하는 것처럼 설득력 있고 명확하게 설명을 해주는 것이 필요하다. 즉 아이를 온전한 인격체로 대하는 것이다.

프랑스 아이들은 이렇게 가정에서나 학교에서나 어린 시절부터 절제와 배려를 배운다. 사회의 일원이 되기 위한 훈련이 일찍부터 시작되는 것이다. 프랑스의 한 유치원에 단 두 대의 자전거를 놓아두고 아이들이 과연 자전거를 어떻게 가지고 노는지 관찰해보았다. 아이들은 마치 미리 순서를 정해두기라도 한 것처럼 저마다 유치원 마당을 한 바퀴씩만 돌고 와서 다른 아이들도 탈 수 있도록 양보했다. 얌전히 자기 차례를 기다릴 줄 아는 프랑스 아이들은 함께 어울려 놀기 위해 남을 배려한다. 절제와 인내에 관한 훈육이 잘 되어 있는 덕분이다.

이는 아이를 아주 어릴 때부터 부모의 분신이나 아직 덜 자란 미숙한 생명체로 대하는 것이 아니라 권리가 있고 존엄과 가치를 지닌 인격체로 대하는 데서 시작한다.

0~5세 교육의 힘, 한 번 정한 규칙을 타협하고 있지 않는가

아이를 독립된 인격체로 대하는 프랑스 부모의 태도는 놀이 교육을 할 때 잘 드러난다. 프랑스의 부모는 자녀가 함께 놀아달라고 하면 무언가를 가르쳐주는 입장이 아닌 동등한 또래의 입장에서 함께 놀아준다. 아이가 서투르거나 잘 못하는 것이 있더라도 아이가 요구하기 전에는 개입하거나 고치려 하지 않는다. 프

랑스 부모에게 놀이는 단순한 놀이일 뿐이다. 반면, 한국 부모들은 아이와 놀 때도 놀이를 함께하는 친구가 아닌 무언가를 가르쳐주거나 설명해주는 교사 역할을 하려 한다.

재미있는 것은 우리나라는 아이가 유치원에 가기 전까지는 아이에게 매우 허용적인 태도를 보이지만 프랑스는 그 반대라는 점이다. 우리나라 부모는 아이가 5살이 될 때까지 양육자가 아닌 보호자 역할에 머문다. 하지만 실제로 영유아기로 볼 수 있는 만 5세 이전은 가소성이 풍부한 시기로 나쁜 습관이 고착되기 전에 좋은 습관을 들일 수 있는 절호의 시기다. 그래서 이 시기에 더 엄격한 규율, 일관된 가르침이 필요한 것이다. 이때 제대로 습관을 들이지 못해 한번 나쁘게 든 습관은 바로잡기가 힘들어진다.

이 시기에 밥을 다 먹을 때까지 식탁에서 움직이지 않는 습관을 들인 아이, 공공장소에서 예의 바르게 행동하고 자기 할 일을 스스로 알아서 하는 습관을 들인 아이들은 그 이후에 주어지는 어려운 과제도 잘 해낼 수 있게 된다. 프랑스 유치원에서는 책을 읽거나 그림을 그릴 때 아이마다 정해진 자리에서 한다. 해야 할 일이 다 끝나기 전에 자리를 떠나 돌아다니거나 하지 않는다. 식사를 할 때도 마찬가지다. 영유아기부터 이렇게 습관이 든 아이들은 학령기가 되어 학습을 할 때 바르게 앉아 공부하는 것을 어렵게 생각하지 않는다. 그런데 한국은 5살 이전에는 아직 어리니까 다 용인하다가 5살 이후부터 바르게 앉아서 공부하는 습관을 들이려고 노력한다. 쉬울 리가 없다.

어린아이에게 훈육이 될까, 생각하겠지만 유아교육학 입장에서 보면 아이들은 영아일 때조차 성장과 성숙을 향한 타고난 성향을 가진 존재다. 영아기를 지나 만 2세가 될 무렵에는 자아가 생겨 보호자의 그늘을 벗어나 자신의 뜻대로 뭔가를 시도하려고 한다. 말도 못 알아들을 거라 생각하겠지만 차근차근 설명을 하면 아이는 분위기를 통해 그 뜻을 알게 된다. 이때 부모에게 필요한 것은 인내심이다.

느리고 서툴지만 옷 입기나 밥 먹기, 배변 훈련 같은 기본적인 일들을 혼자 할 수 있도록 기다려줘야 한다. 서툴다고 대신해주면 아이들은 스스로 부끄러움을 느낀다. 그렇다고 과보호하거나 비판적이면 아이들은 주변을 통제할 수 있는 자신의 능력을 의심하게 된다. 기다려주는 인내심과 함께 필요한 것은 칭찬이다. 아이가 작은 것이라도 성취해냈을 때 또는 성취하기 위해 노력했을 때 부모는 구체적으로, 또 아낌없이 칭찬해주어야 한다.

프랑스 부모들은 아이가 떼를 쓰는 등 부모를 난감하게 하는 행동을 할 때, 원칙이 아닐 경우 절대 들어주지 않으면서 아주 엄격하게 안 되는 이유를 반복해 설명한다. 아무리 떼를 써도 안 되는 일이라는 걸 깨달으면 아이들은 다시는 그런 행동을 하지 않는다. 또한 부모와 함께 정한 규칙이 자신뿐 아니라 부모에게도 똑같이 적용된다는 믿음을 갖게 되면 자라면서 그 효과는 배가된다. 아이에게만 강요되는 규칙이 아니라 어른들까지 나아가 사회 모두가 지키는 질서와 규칙이라면 아이들도 훨씬 쉽게 받아들인다.

먼저 듣고, 그 후 말하는 대화의 기본을 지키고 있는가

프랑스에선 아이가 말을 시작하기 전부터 의사소통을 아주 중요하게 여긴다. 아직 말을 못할 때는 끊임없이 말을 걸거나 주변 이야기를 들려주고, 아이가 말을 하기 시작하면 자녀의 생각을 묻거나 사물을 보았을 때 그 느낌을 물으며 서로 상호 작용을 한다. 식사를 하면서 하루 동안 있었던 일들에 대해 이야기하며 아이가 자신의 생각을 정리해서 말하는 기회를 주는데, 이런 대화는 유아기에서 청소년기를 거쳐 성인이 될 때까지 이어진다.

그런데 우리나라 부모들은 대화를 한다면서도 아이와 동등한 입장에서 들어주고 아이의 생각을 묻기보다 부모의 생각과 의견을 일방적으로 전달한다. 프랑스 부모들은 아이가 잘못된 생각을 하더라도 즉각 고쳐주려 하기보다 왜 그런 생각을 하게 되었는지 그 이유를 묻고 차분히 들어준다. 수정이 필요하다면 부모가 왜 그렇게 생각하는지 이야기해준다.

이제 6개월이 된 프랑스 아기 로뱅은 할 수 있는 일이 많지 않지만 엄마 아빠는 되도록 로뱅이 할 수 있는 일들을 찾아 천천히 가르치고 있다. 혼자서 장난감을 가지고 놀거나 엄마가 이유식을 준비하는 동안 식탁에 얌전히 앉아 기다리는 일들을 가르친다. 또 식사 시간에 함께 식탁에 앉혀 아직 어려도 엄마 아빠와 대등한 가족의 일원이라는 소속감도 느끼도록 하고 있다. 아직 이도 없는 아이에게 큰 빵 조각을 건네주기도 한다. 아이 스스로 입의 크기와 빵의 크기를 가늠하고 먹기 편한 크기로 으깨거나 자를 수 있게 하기 위해서다. 젖병으로 물 마시기에 도전한 것도 성공이다. 로뱅의 엄마 아빠는 이런 과정에서 아이가 성취감을 맛본다고 생각한다.

엄마 소니아는 말한다. "아이가 딱히 어리다고 생각하지 않아요. 아이도 본능적으로 혼자 잘 먹고 자기만의 방법을 찾아내거든요." 출근길에 보모에게 로뱅을 맡기기 위해 길을 나선 아빠 클레망 씨는 다 큰 아이에게 하듯 말을 건다. "아가야, 오늘 좀 춥네. 맛있는 거 먹을 거야. 그다음에 낮잠을 잘 거야. 그리고 나선 또 재밌게 놀고. 알겠지?" 그에게 아이는 누구보다 존중해야 할 소중한 존재다. 그래서 자신이 생각하는 이상적 삶을 강요하기보다 아이가 가진 자질을 충분히 활용하면서 자신의 삶을 씩씩하게 살아가도록 곁에서 응원하는 부모가 되려 한다.

부모와 아이는 모두 독립된 개인임을 인정하는가

어떤 난관에 부딪혀도 좌절하지 않고, 다시 도전하는 일을 두려워하지 않는 자립심 강한 아이로 만드는 훈육은 프랑스 부모뿐

로뱅을 안고 가며 어른에게 하듯 계속 말을 건네는 아빠 클레망 씨.

아니라 한국 부모의 고민이기도 하다. 하지만 프랑스 부모와 한국 부모를 나란히 비교하기는 어렵다. 문화적 차이나 사회적 여건 혹은 분위기가 서로 다르기 때문이다. 프랑스는 전 세계에서 양육 환경이 가장 훌륭한 나라 중 하나다. 프랑스에서는 아이를 온 나라가 키운다.

잘 정비된 유아 교육 프로그램은 무료이고, 건강 보험도 걱정할 필요가 없고, 학비가 무료라 대학에 보내기 위해 미리미리 목돈을 저축하지 않아도 된다. 육아 스트레스를 줄여주는 온갖 공공 서비스가 마련되어 있는 것도 모자라 많은 사람들이 단지 아이를 낳았다는 이유로 나라로부터 출산 및 보육 수당을 꼬박꼬박 받는다. 이런 공공 서비스 덕에 프랑스 출산율은 계속 높아지고 있다. 한국 부모의 높은 양육 불안감은 어느 정도 이런 환경의 차이에서 비롯되었을 것이다.

하지만 프랑스 부모들의 육아가 한국의 부모와 다른 이유는 전적으로 환경의 차이 때문만은 아니다. 무엇보다 아이를 바라보는 시각이 다르다. 이들에게 아이는 가르치고 이끌고 책임져야 하는 막중한 부담을 안겨주는 존재가 아니라 부모와 마찬가지로 자기 몫의 삶을 살아가는 작고 어린 한 인간일 뿐이다. 그래서 그들은 아이의 눈높이에서 소통하고, 아이가 스스로 할 수 있도록 기다려주고, 아이가 선택한 것에 응원을 보낼 수 있다. 아이는 부모가 온전히 책임져야 하는 존재가 아니기에 육아에 자신감이 생기고 스트레스 없이 아이를 기를 수 있는 것이다.

우리는 가족의 기본 단위로서 부모와 아이들을 꼽으며 이 이야기를 시작했다. 그리고 사춘기를 맞은 한국 아이들과 부모의 관계, 유아기의 아이와 프랑스 부모의 관계를 살펴보았다. 어떻게 보면 연관이 없는 것처럼 보일지 모르지만 이 두 가지는 가족의 기본에 대해 선명하게 말하고 있다. 바로 아이도 부모도 독립된 개인이라는 사실이다. 그리고 가족은 그 독립된 개인들이 모여 만든 공동체라는 사실이다.

우리나라 부모들이 사춘기 아이들과 갈등을 빚는 것은, 아이를 주어진 자기 삶을 살아가는 독립된 존재가 아니라 부모가 미래까지 통제할 수 있는 존재, 나아가 자신의 확장된 자아로 생각하기 때문이다. 이런 태도는 아이의 사춘기에 비로소 생겨난 것이 아니라 아주 어린 시절부터 이어온 것이다. 아이에게 개인으

큰 빵을 먹기 좋은 크기로
스스로 뜯어먹는 로뱅.

로서의 자각이 생기면서 갈등이 부각된 것뿐이다. 자식은 자식
으로, 부모는 부모로만 있는 가족, 이것이 우리나라 가족의 모습
이었다.

이제 세상은 달라졌다. 다른 어느 시대보다 개성과 자기 결정
권을 중요하게 생각하는 시대가 되었다. 그것을 독일의 사회학
자 울리히 벡과 엘리자베트 벡 게른샤임 부부는 '개인화'라고 불
렀다. 가족도 달라져야 한다. 가족 구성원들이 제각각 구성원으
로서의 역할에만 한정될 것이 아니라 온전한 한 개인으로 존재
하고 존중받는 것, 가족은 하나가 아니라 개인들의 합이라는 사
실을 인정하는 것이 새로운 가족의 시작이 아닐까. 프랑스의 가
족처럼.

2부

서로를
기억해주는 존재,
가족

누구나 언젠가는 떠난다. 그걸 모르는 사람도 있을까? 하지만 지금은 아니다. 이런 식도 아니다. 분향소에 들어설 때마다, 그 많은 아이들의 얼굴을 마주할 때마다, 아이 하나를 잃은 고통이 저 숫자만큼 세상에 가득 차 있다는 생각에 숨이 막힌다. 언제쯤 이 고통이 조금이라도 덜어질지. 과연 그런 날이 오긴 올까? 아버지는 생각한다. 아이와 함께했던 시간들을 떠올려본다. 놀이공원에 처음 갔을 때, 겁을 잔뜩 먹은 얼굴이었지만 나와 시선을 맞추며 안전바를 단단히 붙잡고 잘도 견뎠다. 이만큼 컸구나, 얼마나 대견했는지. 초등학교에 입학할 때, 중학교를 졸업할 때, 수학여행을 떠난다고 했을 때, 정말 이제 다 컸구나 싶었다.

물론 공부 안 한다고 혼내고, 게임만 한다고 화도 냈다. 스마트폰만 붙들고 있는 녀석에게 괴로워할 줄 뻔히 알면서 며칠씩 전화기 압수 벌을 내리기도 했다. 돈 번다고 며칠씩 아이를 못 본 날도 많았다. 지방에 내려가 있는 동안은 몇 달씩 못 보기도 했다. 그래도 그게 아이를 위하는 일이라고 생각했다. 나는 아버지고, 경제적 책임을 지는 사람이니까. 지금 생각해보면 그깟 게임이 뭐라고 실컷 하게 해줄 걸 싶다. 그것뿐이랴. 제발 돌아와주기만 한다면 뭐든 원하는 걸 하게 해주겠다고 마음속으로 수없이 약속했다.

가능성이 있던 첫 며칠은 그렇게 생각했다. 가능성이 사라지자 제발 그 찬물 속에 오래 있지 않게 해달라고 빌었다. 시신이 인양된 부모들은 축하를 받았고, 시간이 길어질수록 다들 말이 없어졌다. 희망이 사라진 자리에 작은 소망 하나만 남았다. 마지막으로 딱 한 번, 아이를 만져볼 수 있었으면. 오랫동안 물속에 있었던 아이를 만난 사람들은 아무도 아이를 만지지 못했다. 만지면 망가질 것 같았기 때문이다. 분향소에서, 아이들이 며칠 전까지 머물렀던 아이들 방에서, 우리에게 필요한 아이는 공부를 잘하는 아이가 아니라 그냥 내 곁에 있는 아이라는 사실을 깨달았다.

너무 늦게.

01 FAMILY SHOCK
당신의 가족은 안녕하십니까?

부모와 자녀의 문제로 이 책을 연 것은 대개 가족이 부모와 자녀로 이루어지기 때문이다. 이 둘의 관계를 제대로 보는 것이 첫 시작이다. 물론 가족의 형태는 시대와 사회의 산물인 만큼 지금의 형태가 절대적인 것은 아니다. 지금의 가족 형태는 근대 이후에 정착된 것인데, 이전 형태에 비해 가족의 성립에 개인의 사랑과 선택이라는 요소가 훨씬 중요해졌다. 우리가 가족 간의 '관계'에 주목하는 것도 그래서다.

가족이 이전 시대와 달리 개인의 생계나 다음 세대의 생존 보장 등을 일차적 목적으로 하지 않게 된 지금, 가족 간의 관계가 유일하게 가족을 유지할 이유가 되기 때문이다. 이혼 가정의 증가나 1인 세대, 비혼 등 현재 가족 형태의 변화는 모두 자기 결정권을 가진 개인의 시대를 반영하고 있다. 서로 좋은 관계를 유지할 수 없다면 갈등으로 스트레스를 받아가면서 굳이 가족이라는 형태를 유지할 이유가 없다.

가족의 현재를 조명할 다큐멘터리를 준비할 무렵, 제작진은 북유럽으로 갈 작정이었다. 가족의 가치를 다른 어느 곳보다 강조하지만 정작 행복해 보이는 가족은 드문 한국에 비해 개인을 우선하는 그곳의 가족들이 더 편안해 보였기 때문이다. 부모 교육과 관련된 다큐멘터리를 여러 편 찍고 나자 개별 부모들이 겪고 있는 문제를 해결하는 것이 과연 바람직한 가족을 만드는 방법인지 확신이 서지 않았다. 그런 생각을 하던 중 2014년 4월 16일, 세월호가 침몰했다.

사고로 아이를 잃고 슬퍼하는 가족의 모습을 보면서 어쩌면 가족 구성원을 상실하는 그 순간, 가족의 원래 가치와 의미가 더 분명하게 드러나는 게 아닐까 하는 생각을 하게 됐다. 그래서 이 장은 불가피하게 거대한 상실의 기록이 되었다. 하지만 이것은 또한 기억의 노제다. 한 아이의 부모가 되었다가 그 아이를 잃은 이들이 남긴 이 기록은, 우리가 가족으로 할 수 있는 가장 작은 일이자 세상이 할 수 없는 가장 큰 일이다.

세월호, 아이들이 떠난 자리에 부모가 남았다

성호네 "우리 아들은 2학년 4반 최성호입니다"

2014년 5월 31일, 안산에서 열린 세월호 추모제. 성호 아빠가 무대에 올랐다. '2학년 4반 최성호'의 아빠임을 밝힌 그는 꼭 하고 싶은 말이 있다고 했다. 관중들은 귀를 기울였다.

"여러분께 그냥 부탁 한마디만 하고 싶어서 올라왔습니다. 옆에 계신 가족, 아들하고 딸하고 아버지하고 어머니, 줄 수 있는 사랑 다 주시길 바랍니다. 말할 수 있을 때 거리낌없이 말하시길 바랍니다. 말을 하지 못하니까 너무 아픕니다. 사랑한다고, 우리 아들 사랑한다는 말을… 그 말을 많이 했어야 하는데 못해서 그게 너무 아픕니다. 옆에 계신 가족들하고 아이들한테 사랑한다고, 매일매일 꼭 얘기해주세요. 매일매일."

사고가 났을 때, 성호 아빠는 말레이시아에서 근무 중이었다. 2013년 12월 한국에 왔을 때 아이를 보고, 4월 20일 바다에서 올라온 아이를 본 게 2014년 들어 처음 본 아들의 모습이었다. 자는 것 같았다. 깨끗하고 예뻤다. 팽목항에 내려와 링거를 맞으며 누워 있던 성호 엄마는 아이를 보자마자 정신을 잃었다.

성호가 어릴 때부터 성호 아빠는 지방 근무가 많았다. 아이와 아내를 데려간 적도 있었지만 지방살이가 만만치 않아 아내와 아이는 안산에, 자신은 지방에 서로 떨어져 살며 오랫동안 주말

볼 수 있을 때 더 많이 볼걸. 말할 수 있을 때 더 많이 말할걸. 성호가 없는 빈방을 바라보는 성호 부모님은 그게 제일 후회스럽다.

부부로 지냈다. 주말에만 올라오면서 아이가 자라는 모습을 띄엄띄엄 보았다. 너무 오래 떨어져 지내는 것 같아 안산에 오기 전에는 근무지인 전라남도 순천에서 가족이 함께 1년여를 지냈지만, 말레이시아 발령이 나면서 원래 살았던 안산으로 돌아왔다.

단원고로, 친구들이 있는 곳으로 돌아간다고 좋아했는데, 그때 전학을 하지 않았더라면 이런 일이 없었을까, 뒤늦게 생각했다. 성호 아빠는 성호가 2학년 4반이라는 것도, 번호가 35번이라는 것도 이번에 알았다. 가장이 할 일은 열심히 일해서 돈을 벌어 가족들이 좀 더 윤택하게 살도록 해주는 것이라고 생각하고 달려왔다. 그게 한스럽다. 볼 수 있을 때 더 많이 볼걸, 말할 수 있을 때 더 많이 말할걸.

아직 모든 것이 그대로 있는 성호 방에서 음악을 좋아했던 성호의 피아노를 성호 엄마가 쓰다듬었다. 피아노 건반을 가만히 만지면 뭔가 느껴지는 것 같다고 했다. 아이 방 컴퓨터에 저장해 놓은 어린 시절 동영상을 열어보며 아이의 어린 시절을 재생한다. 겁먹은 얼굴로 놀이 기구를 타면서도 겁 안 난다는 아이를 볼 때면 '걱정 말아요. 살아서 갈게요'라는 성호의 마지막 메시지가 생각난다. 2014년 4월 16일 오전 10시 7분에 수신된 메시지에 이어 보낸 엄마의 '성호야 사랑해. 구조됐어?'라는 문자는 영원히 읽지 않음 표시로 남아 있다.

"지금 생각해보면 성호가 이때는 살아올 수 없을 거라는 걸 안 거예요. 그렇죠? 그래서 마지막에 나한테 일부러 이렇게 보낸 것 같아요. 어릴 때 겁 안 나, 그랬던 것처럼."

수진이네 "이제는 엄마가 따뜻하게 해줄게"

수진이 방도 그대로다. 3남매 중에 맏딸이었던 수진이는 엄마에게 친구 같은 딸이었다. 엄마는 수진이 방을 치우지 못했다. 책상 위에 사진도, 밤에 싸늘할 때면 덮던 무릎 담요도, 집에서 걸치던 카디건도 모든 것이 그대로인데, 수진이만 없다는 것이 믿기지 않아 아침에 일어날 때마다 엄마는 새삼 힘들다. 그래서 곳곳에 남아 있는 수진이의 흔적이 고맙다. 아이의 손때며 체취가 여전히 남아 있다는 것이 다행스럽기까지 하다. 매일 그 물건들에 코를 묻는다. 그러고 있으면 곧 아이가 문 열고 '엄마' 할 것만 같다.

차가운 바닷속에서 얼마나 추웠을까. 수진이의 캐리어를 받은 엄마는 한참 만에 돌아온 아이의 젖은 물건들을 물기없이, 따뜻하게 보송보송 말려주고 싶었다.

아이의 가방이 배달되었다. 두 달 넘게 바닷속에 있었던 빨간 캐리어에는 엄마의 손길이 그대로 남아 있다. 물에 젖은 옷, 학교 갈 때 입었다가 갈아입었을 교복을 보니 왈칵 눈물이 터진다. 교복 입은 아이에게 잘 다녀오라고 인사했던 기억이 어제인 듯 새롭다. 비가 올 거라고 아빠가 챙겨줬던 우산도 그대로다. 그게 마지막이었다. 엄마는 가방 안의 옷들을 꺼내 빤다. 뭔가를 씻어내려는 듯 맹렬하게 빨아 햇볕에 널어 말린다. 사고 28일 만에 수습된 아이의 차가웠던 몸을 따뜻하게 해주고 싶었던 것처럼 두 달 반이나 물속에 있었던 수진이의 옷을 보송보송 따뜻한 햇볕에 말려주고 싶었다.

수진 아빠는 아이를 떠올릴 때마다 얼굴이 자꾸 희미해지는 것 같다. "수진이는 아빠인 저를 더 많이 닮은 거 같은데, 그 애기를 하면 아이 엄마가 서운해하더라고요. 왜 수진이는 자기를 안 닮았을까 그러면서. 수진이가 없으니까 그걸 그렇게 서운해 하더라고요."

나를 닮은 내 아이, 부모가 된다는 것은 나를 닮은 누군가가 생기는 일이다. 그 아이를 키워내는 일이다. 부모가 못 다 이룬 것이 기대가 되어 아이들을 괴롭히기도 하고, 나보다는 나은 인간이 되기를 바라서 아이들을 닦달하기도 했다.

하지만 이제 그 아이들이 없는 방에서 부모들은 겨우 잠든다. 모든 것이 그대로인데, 아이만 없다는 게 믿어지지 않아 넋을 놓는다. 잠에서 문득 깨면 아이 방에 우두커니 앉아 아이 생각을 한다. 아이를 생각하며 웃음을 짓다가 다시 눈물짓는다. 이제 겨우 몇 개월을 살았을 뿐인데, 평생 이렇게 살아야 할 거라고 생각하니 막막하다.

혁이네 "서명이라도 받으면 혁이에게 덜 미안할 거 같아요"
2학년 4반 강혁 아빠는 혁이 누나 유미와 함께 거리로 나왔다. 시민들에게 세월호 진상 규명에 관한 특별법 서명을 받는 것이다. 하지만 낯선 사람들에게 계속 말을 걸어야 하는 일이 쉽지 않다. 그래도 아이들이 배 안에서 겪었을 고통을 생각하면 이 정도는 아무것도 아니라는 생각이 든다. 혁이 아빠는 아이의 마지막 순간만 생각하면 가슴이 먹먹하다.

가게 일로 바쁜 부모님을 대신하여 혁이를 돌봤던 누나 유미는 할 것도 많고 하고 싶은 것도 많았을 혁이를 생각할 때마다 미안해서 견딜 수 없다.

"그 안에서 얼마나 힘들었을까. 얼마나 아우성을 쳤을까. 딸이랑 집사람이랑 서로 그 얘기는 안 꺼내려고 그래요. 옷도 혁이 거 입고 신발도 혁이 거 신고, 그래야 더 열심히 할 거 같아서요."

휴학까지 하고 아빠를 따라다니는 유미는 혁이가 수학여행을 가서 아직 돌아오지 않은 것만 같다. 유미는 혁이에게 엄마 같은 존재였다. 가게 일로 바쁜 부모님 대신 동생을 돌봤다. 유미는 진도에서부터 부모님 곁을 지켰다. 눈물이 나도 참으며 힘들어도 힘들다 말하지 못했다.

"혁이는 저보다 어리잖아요. 할 것도 많고 하고 싶은 것도 많은 아인데, 전 살아 있잖아요. 전 다 할 수 있는데 혁이는 없으니까, 괜히 혁이한테 미안해요."

아빠도 누나도 서명이라도 열심히 받아야 하늘나라에서 혁이를 만나면 덜 미안할 것 같았다. 부산역에서 서명이 끝나고 밤

12시가 넘어서야 안산에 도착했다. 집에 들어온 혁이 아빠와 누나 유미는 그대로 놓아둔 혁이 방으로 들어간다. 그리워서 보고 또 본 아이의 물건들을 살핀다. 못 보던 상자 하나가 있다. 열어 보니 혁이가 초등학교 6학년 때 만든 타임캡슐이다. '부모님께'라고 쓰인 편지를 읽으려다 아빠는 목이 멘다. 유미에게 읽어달라고 건넨다. 유미도 몇 번을 시도하다가 겨우 읽는다.

부모님께

안녕하세요? 저 혁이에요.

아빠 사랑해요. 생일 축하해요. 선물을 준비 못해서 미안.

아빠 내가 사랑하는 줄 알지? 아빠 나 키워주셔서 너무 고마워.

난 아빠를 이 세상에서 제일 사랑해.

내가 돈 벌면 그때 비싼 선물 사줄게. ㅋㅋ

나는 아빠 개그가 제일 웃겼어. ㅋㅋ

나는 자상한 아빠가 제일 마음에 들어.

혁이 아빠는 하루에 19시간을 일했다. 일할 수 있을 때 열심히 일해서 나중에 아이들과 함께 편히 살아야지 생각했다. 하지만 '나중'은 없었다.

다혜네는 이사를 결정했다. 시간이 지나면 괜찮아질 줄 알았는데…. 남은 다정이와 살아가야 하기에 다혜의 추억이 남은 곳에서 떠나기로 했다.

다혜네 "남은 아이랑 살아가야죠"

다혜가 떠난 지 111일, 엄마는 이사를 결심했다. 짐을 싸다 말고 하염없이 아이 앨범을 뒤적이는 엄마는 큰딸 다정이를 위해 오래 살아왔던 정든 곳을 떠나려 한다. 딸이 다혜 하나였다면 떠나지 않았을 것이다. 다혜가 2살 때부터 살았던 이 집에는 다혜의 흔적과 추억이 묻어 있다. 그것 그대로 평생 다혜의 기억과 함께 살았을 것이다. 하지만 부모에게는 다혜만큼 귀한 딸 다정이가 있다. 막상 떠나려니 모든 것이 눈에 밟힌다. 아이의 물건을 만질 때마다 손길이 느려지는 엄마를 보던 아빠는 그만 어서 짐을 싸라고 재촉한다.

　다혜보다 6살 많은 큰딸 다정이는 동생하고 참 잘 지냈다. 다정이는 다혜가 수학여행 가기 전날, 용돈을 그냥 줄 수 없으니 그림 그리는 과제를 해주면 용돈 4만원을 주겠다고 했단다. 여행 가기 전날 밤까지 그렸다는 인체 해부도를 들여다보며 다정이는 다혜가 그렇게 떠날 줄 모르고 숙제를 부탁한 자신이 나쁜 언니인 것만 같아 미안하다. 시간이 지나면 좀 괜찮아질 줄 알았는데, 아니었다. "그냥… 어떻게 할 수가 없어요. 아침에 눈 뜨는 것도 악몽이고… 문득문득 다혜 생각할 때마다 멍해지고."

다정이와 살아가야 하니까 이곳을 떠나기로 했지만 다혜만 혼자 이곳에 떼놓고 가는 것 같아 엄마는 미안하다.

동혁이네 "마음껏 사랑하기엔 너무 짧은 시간이었습니다"

오늘도 동혁이 아빠는 거실에 있는 동혁이 사진에 인사를 건넨다. 오늘은 좀 시무룩해 보인다. 같은 사진인데도 볼 때마다 표정이 다르다. 어느 날은 웃는 것 같고, 어느 날은 화난 것 같다. 동혁이가 남긴 마지막 동영상처럼 마음이 복잡한가 보다. 기울어진 선체 안에서 동혁이는 웃고 있었다. 두려웠지만 이기려고 그랬는지, 심각함을 아직 몰랐는지….

하지만 자신의 마지막을 예감이라도 한 듯 "엄마, 아빠, 내 동생 어떡하지? 내 동생만은 절대 수학여행 가지 말라고 해야겠다. 제발 살 수만 있다면, 엄마 아빠 사랑해요"라는 말을 유언처럼 남겼다. 동생 예원이는 오빠의 마지막 말을 기억에 담았다.

2살 차이였지만 예원이에게 오빠는 엄마 대신이고 아빠 대신이었다. 6년 동안 동혁이와 예원이는 아빠와 살았다. 아빠가 출

2년이라는 시간은 사랑을 전하기엔 짧은 시간이었지만 동혁이는 마지막 순간 새로 가족이 된 엄마를 불러주었다.

근하면 동생을 돌보는 것은 오빠 동혁이의 몫이었다. 2년 전, 새 엄마가 생긴 후에야 동혁이는 또래 친구들과 마음껏 어울릴 수 있었다. 엄마의 정이 그리웠는지 학교에 갔다 오면 다 큰 녀석이 엄마에게 뽀뽀를 하고 끌어안고 볼을 비볐다. 그렇게 살갑게 굴 던 아이라 빈자리가 더 크게 느껴진다. '엄마, 아빠 사랑한다'는 마지막 말에 엄마의 마음이 무너진다.

"그 순간 저를 찾을 거라고는 생각도 안 했어요. 엄마, 엄마 하는데 가슴이 찢어질 거 같은 거예요. 아, 저게 나를 부르는 건데. 그 순간 그 동영상으로 모든 상상이 가잖아요. 쟤가 저렇게 부르고 죽어가는 그 순간에도 엄마 아빠를 얼마나 찾았을까."

하늘공원에 잠든 동혁이를 가족 셋이 보러 간다. 잘 나온 사진을 바래지 않게 코팅해 가져가 납골당에 붙였다. 반듯하게 잘 생긴 아들 얼굴을 쓸어보고 엄마는 아들에게 편지를 남긴다.

내 아들 김동혁에게

사랑하는 내 아들 동혁아, '엄마 아빠 사랑해요. 내 동생 어떡하지?'라고 마지막 인사를 남긴 생때같은 내 아들아. 너무 고맙다. 단원고 2학년 4반 7번 김동혁의 엄마로 살게 해줘서. 그리고 네가 걱정했던 네 여동생, 착한 아빠, 꼭 새엄마가 지켜줄게.

겨우 2년, 마음껏 사랑을 주기엔 너무 짧은 시간이었다. 하지만 남은 가족에게 더 큰 사랑을 약속한다.

은정이네 "혼자였다면 감당하지 못했겠지요"

은정이의 가방이 도착했다. 은정이 엄마가 없어서 예지 엄마가 대신 받았다. 수색 과정에서 아이들 가방이 올라오면 유류품으로 부모님에게 전해진다. 아이는 오지 않고 오랫동안 바닷물에 잠겨 있던 가방이 오면 가족들은 시신이 올라왔을 때와 똑같은 고통을 느낀다. 은정 엄마가 예지 엄마에게 건네받은 가방을 열자 진흙 묻은 물건들이 나온다. 그 속에 들어 있는 진흙투성이의 멀미약 두 병, 엄마가 챙겨준 것이다. 신음처럼 얇은 탄식이 흘러나왔다.

통곡하는 엄마를 은정이 오빠가 감싸 안는다. 며칠 사이 부쩍 어른스러워진 고3 아들은 엄마가 무너질 때마다 엄마를 일으켜

시신 수습을 비슷한 시기에 앞서거니 뒤서거니 했던 예지와 시연이. 혼자였다면 감당하기 어려웠을 시간을 함께라서 견딜 수 있었다.

세운다. 곁에 있던 예지 엄마도 은정 엄마를 부축한다. 가방을 받으면 딸이 더 보고 싶겠지만 예지 엄마는 딸의 흔적이 남아 있는 물건이 하나라도 더 있었으면 싶어 은정 엄마가 부럽다. 예지 엄마는 은정이 오빠에게 엄마가 물을 마시게 하고 기운 빠질 정도로 울지 않게 하라고 당부했다.

　혼자서 겪었다면 감당하기 어려웠을 것이다. 같은 아픔을 가진 엄마들이 있기에 버텨낼 수 있었다. 오늘도 예지 엄마는 시연이 엄마와 함께 경기도 평택에 있는 예지를 만나러 간다. 시연이도 예지와 함께 평택 서호공원에 함께 있다. 예지 엄마와 시연이 엄마는 사촌 시누올케 사이다. 시연이가 먼저 나와서 시연이 엄마는 예지 엄마에게 많이 미안해했다. 아이 장례 치르느라 정신없었을 텐데, 계속 전화해서 예지가 나왔는지 물어봤다. 그 정성 덕분인지 시연이를 입관하러 가기 직전에 예지가 나왔다. 그래서 함께 장례도 치렀다. 적어도 혼자 가는 길이 외롭지는 않았으리라 위로 삼곤 했다. 그렇게 서로를 의지하며 두 엄마는 그 힘든 시간을 겨우 버텨내고 있었다.

세희네 "아직은 잊을 수 없어요"

오늘도 세희 엄마는 세희 방에서 사진을 어루만지며 울고 있다. 동생 경원이를 생각해서라도 이러면 안 되지, 하면서도 눈물이 한번 터지면 걷잡을 수가 없다. 화장실에 들어가 한껏 소리 죽여 울지만 엄마의 흐느낌이 집안 전체에 퍼져 간다. 동생은 누나 방에 들어가 책상 위 누나 사진을 물끄러미 쳐다본다. 세희 엄마는 이제 그만 아들을 챙겨야 한다고 생각하면서도 도리어 어린 아들에게 위로를 받는다. 딸 세희가 없는 시간을 어떻게 버텨낼 수 있을지, 자신이 없다.

추석을 며칠 앞두고 세희 엄마와 아빠는 길을 나섰다. 친정에 다녀올 작정이다. 세희를 보내고는 식구들 보는 것도 겁이 났다. 무슨 큰 죄라도 지은 것 같았다. 더는 미룰 수 없어 길을 나섰지만 친정 부모님 볼 일이 암담하다. 고향 집이 가까워질수록 마음이 더 무거워진다. 아이를 잃은 딸의 마음이 어떨지 아는 친정 부모님은 기력을 잃었을 딸 내외를 위해 닭을 세 마리나 고았다. 세희 이야기를 꺼내는 것만으로도 아플까 봐 부모님은 아무것도 묻지 않고 섣불리 위로도 건네지 않았다.

아이를 잃고 친정을 찾아온 딸을 보는 노모의 가슴이 찢어진다. 떠난 아이를 떠올리는 것이 얼마나 고통스러울지 잘 아는 노모는 말을 아낀다.

　다 키운 자식을 잃은 딸의 마음이 불을 넣은 것 같지 않겠냐며 세희 할아버지가 한껏 소리를 낮춰 이야기하는데도 세희 할머니는 딸이 들을까 봐 겁이 난다. 세희 할머니는 딸에게 밥을 직접 안치겠냐고 말을 걸며 얼른 화제를 돌린다. 그 마음을 왜 모르겠냐고, 뻔히 아는데 또 울릴 수 있겠냐며 목소리를 한껏 낮추는 친정 엄마의 마음을 세희 엄마가 모를 리 없었다.

　이곳에 와서야 아빠는 세희에 대한 애틋한 마음을 털어놓는다. 다정하게 손도 잡고 다니고, 딸과 아빠가 할 수 있는 모든 것을 다 해보고 싶었다. 당연히 다 할 수 있을 거라고 생각했다. 하지만 더 이상 그런 꿈을 꿀 수 없다는 사실을 인정할 수밖에 없었다. 세희 할머니는 딸 내외가 이제 그만 아팠으면 좋겠다는 마음에 "잊어버려야지, 어쩌겠냐"라고 말하지만 세희 엄마는 아직 잊을 수가 없다. 하지만 자신의 마음이 아플까 봐 부모님이 일부러 그런다는 것을 알기 때문에 아무 말도 하지 않는다. 서로를 아프게 하지 않으려고 모두들 서로의 가장자리만 짚는다.

범수네 "앞으로도 매 순간 아이를 생각하며 살아가게 될 것 같아요"
범수 아빠가 차 앞에 서 있다. 차에는 범수 형 문수와 범수 엄마가 타고 있다. 아이를 잃은 지 몇 달이 지나도록 엄마는 바깥에 나온 적이 없었다. 진도에서 아들의 죽음을 확인하고 쓰러진 뒤 아직 회복이 되지 않았다. 그런데 오늘은 온 가족이 차를 타고 어딘가로 향한다. 안산시 자원 회수 시설, 안산시에서 운영하는 소각장이다. 막내 범수의 유품을 소각하러 가는 길이다. 몇 달 만에 나온 세상이 낯선 듯 엄마는 주변을 살펴본다.
　아빠가 차 트렁크를 열었다. 이틀 전에 범수의 가방이 배달돼 왔다. 아이의 마지막 흔적이라 더 보고 싶은 마음도 있었지만, 너무 아프고 힘이 들어서 가져왔다. 범수 엄마는 쪼그려 앉아 가방을 열어보고 자신이 가지런히 챙겨넣어준 옷들을 하나하나 꺼내며 눈물을 흘린다. 수학여행 가던 날 아침 입었던 교복 조끼가 나오자 엄마는 범수의 이름표를 만지작거린다. 아빠는 그러다 엄마가 또 정신을 잃을까 걱정이다. 아들을 쓰다듬듯 조심스레 만지던 옷을 들고 엄마가 일어난다. 소각로에 옷을 던져넣자 범수를 떠나보내던 그때처럼 마음이 아려온다. 아이를 두 번 보내는 것 같아 힘들지만 그러지 않으면 아이가 편안히 자기가 가야

범수가 남긴 유품이라 계속 보고 싶지만 혹시나 보내주지 않으면 아이가 좋은 곳으로 떠나지 못할까 봐 남은 가족은 범수의 유품을 소각한다.

할 곳으로 가지 못할까 봐 마음을 다잡는다.

"좋은 데 가라고 옷도 태우고, 49재도 지냈으니 좋은 데 가 있겠지. 그렇게 생각해야지. 우리야 평생 가슴에 묻고 사는 거고."

활활 타오르는 범수의 옷가지를 보는 문수와 범수 엄마, 범수 아빠. 그들은 범수의 빈자리를 매일 매 순간 느끼며 평생을 살아야 한다.

예지네 "이 아이들이라도 살아서 다행입니다"
지난밤 잠도 제대로 이루지 못한 예지 엄마가 서둘러 집을 나선다. 새벽 1시가 넘어 겨우 잠이 들었는데, 4시에 눈이 떠져 그대로 뜬눈으로 지샜다. 오늘은 특별한 날이기도 하고 슬픈 날이기도 하다. 세월호 생존 아이들이 학교로 돌아오는 날이다. 자주 예지를 데려다주곤 했던 학교 가는 길이 하염없이 길다. 2학

이 아이들은 모두 살아왔는데, 우리 아이도 여기 있으면 얼마나 좋았을까, 생각하다가 이 아이들이라도 살아와서 얼마나 다행이냐, 부모들은 가슴을 쓸어내린다.

년 9반 박예지 이름이 잘 보이도록 명찰을 걸고는 마음을 굳힌 듯 학교 정문 쪽으로 걸음을 옮긴다. 예지도 학교에 가고 싶다고, 친구들 보고 싶다고 할까 봐 명찰을 챙겼다. 학교 앞에는 벌써 명찰을 건 다른 엄마들이 잔뜩 와 있다. 낯익은 엄마들이 더러 말을 건다. 오랜만에 화장도 했다. 살아 있는 아이들을 만나는 데 좀 밝게 보이고 싶었다. 버스가 들어온다.

부모들의 눈이 일제히 그곳을 향한다. 버스 문이 열리고 아이들이 하나둘 내린다. 71일만의 등교, 아이들은 그동안 다른 곳에서 심리 치료와 수업을 받아왔다. 조용히 등교해도 됐지만 아이들은 친구 부모님들께 인사를 하고 싶다고 했다.

아이 친구였던 아이를 만난 엄마도 울고 아이도 운다. 아예 주저앉아 우는 엄마도 있고 그를 다독이는 다른 엄마도 있다. 흐느낌이 점점 통곡으로 변한다.

9반 아이들이 예지 명찰을 알아보고 예지 엄마를 잡고 운다. 우리 아이도 여기 있으면 얼마나 좋을까 싶었다가 그래도 애라도 살아서 얼마나 다행이냐 싶다. 9반 진윤희 엄마는 윤희의 친구가 아니더라도 아이들을 만나고 싶어 전화번호를 남기고 왔다. 아무라도 그냥 한번 안아주고 싶었다.

가족을 정의하다

언제 어디서든 행복을 빌어주는 사람

은정 엄마도, 초예 아빠도 매일 분향소에 온다. 그 큰 분향소에 아이들 얼굴이 가득하다. 다 웃고 있다. 고개만 돌리면 아이들 웃는 얼굴이 지나간다. 하나같이 예쁘다. 웃고 있는 아이들의 얼굴을 마주할 때마다 가슴이 찢어진다. 어떻게 이 많은 아이들이 한꺼번에 이럴 수가 있는지 화가 나고, 왜 하필 우리 아이들인지 억울하고 분하다. 분향소에 들어설 때마다 부모들은 2014년 4월 15일로 돌아간다. 매일, 아니 매 순간 부모들은 그날로 돌아간다. 아이들이 살아 있던 때로. 온전히 부모였던 그 순간으로.

이렇게 부모들은 여전히 아이들을 끌어안고 있었다. 떠나보내야 한다고 생각하지만 놓지 못한다. 아이들의 49재날. 시신으로라도 아이를 찾은 부모들은 아이들을 화장했다. 사고의 진상 조사가 제대로 이뤄질 때까지 아이들을 보내면 안 된다는 주장도 있었지만 많은 부모들이 반대했다. 춥고 어두운 바닷속에 오래 있었던 아이들을 조금이라도 빨리 따뜻하게 해주고 싶었기 때문이다. 그렇게 하나둘 올라온 아이들을 화장하고 49일이 지났다.

단원고 아이들 100명이 모여 있는 하늘공원으로 엄마 아빠들이 하나둘씩 모여든다. 혁이 엄마, 정무 아빠, 성호 아빠, 아이들의 영혼을 이승에서 저승을 떠나보내기 위해 모였다. 하늘은 무심히 비를 뿌리고 있었다. 아이들의 영정 사진을 바라보고 서 있는 부모들은 스님의 말에 따라 절을 한다. 마흔이 훌쩍 넘은 부모들이 열일곱 아이들에게 절을 한다. 이제 아이들을 보내줘야 할 시간이다. 영정 사진을 받아든 부모들은 아이들의 사진을 태운다. 그래야 영혼이나마 좋은 곳으로 간단다.

불길이 기세 좋게 오르는 드럼통 속에 입술을 깨물며 아이들 사진을 넣는 부모들이 바라는 것은 하나다. 아이들이 더 이상 춥고 어둡고 엄마 아빠도 없는 바닷속에 머물지 않기를, 환하고 따뜻하고 친구들도 많은 곳에서 와자지껄 떠들며 지내기를. 하지만 아이들은 아직도 부모 곁에 머물러 있다.

서로를 가장 오래 기억해줄 사람

인터뷰에 참여해준 분들은 모두 96명. 아프고 힘들지만 기꺼이 카메라 앞에 선 것은 아이들의 짧은 삶을 기억해줄 사람은 바로 부모이기 때문이었다. 단원고등학교 2학년 3반 김지인, 최윤민 부모님, 2학년 4반 김동혁 부모님, 2학년 5반 오준영 부모님, 2학년 9반 이지민, 오경미, 임세희 부모님들은 카메라 앞에서 자기 아이들이 어떤 아이들이었는지 입을 열었다. 아이 이름을 입에 올리는 것만으로 눈물이 쏟아지는 부모님들은 아이들에 대해 물으면 일순 막막해했다.

"우리 지민이는 매일 엄마 아빠 고생한다고 걱정을 많이 하는 아이였어요. 이다음에 커서 꼭 부모님 모시고 산다고 그러고."

딸 사진을 꺼내 보인 경미 엄마는 "예쁘죠?"라고 묻고는 아이가 수학여행에 얼마나 기대가 컸는지 이야기했다.

"경미가 수학여행이 처음이거든요. 초등학교 때는 신종플루였나, 그래서 못 갔고 이번 여행이 생애 첫 수학여행이었어요. 근데 처음이자 마지막이 됐네요. 못 돌아왔으니까."

"전날 바람이 좀 불어서 준영이한테 배가 안 뜬다고 연락이 왔거든요. 밤에 출발한다고 그래서 정말 다행이라고… 예쁜 추억 쌓고 와. 이제부터 전화 안 할 테니까, 신나고 재밌게 놀아 그랬는데, 그게 마지막 통화가 됐어요."

"수학여행 가는 날 아침에 출근하느라 바빠서 세희 뒷모습만 보고 나왔는데, 그게 너무 미안해요. 한 번 안아주기라도 할걸."

"모든 게 그대로인데, 지인이만 없는 거예요. 가만히 지인이 방에 누워 있으면 그게 믿어지지 않아서 아이 이름을 자꾸 불러

봐요. 지인아, 지인아, 넌 진짜 이 세상에 없는 거니?"

"동혁이는 다른 애들보다 좀 볼이 통통했거든요. 그래서 맨날 아이 볼을 꼬집기도 하고 만지작거리면서 장난쳤어요. 근데, 그렇게 이제 못하잖아요. 만질 수가 없잖아요. 고춧가루 낀 이빨을 히이 드러내면서 웃는 모습도 볼 수 없고."

"일찍 나온 사람들은 아이 손도 만져보고 볼도 비벼보고 할 수 있었는데 우리는 건드릴 수조차 없었어요. 만지기만 해도 훼손될 거 같아서. 그래서 건드리지도 못했어요. 그런데 그렇게 나온 애도 얼마나 고맙고 감사하고 반갑던지, 살아 돌아온 것 같았어요. 죽은 애가 돌아왔는데 그렇게 감사하고 고맙다니, 그런 게 어딨어요. 세상에." 정다혜 아빠의 말이다.

뼛속 깊이 후회하는 사람

겨우 이만큼 살 줄 알았더라면, 그날이 마지막이라는 걸 알았더라면, 다시 오지 않을 그 일상을 그렇게 보내버리지 않았을 텐데, 부모들은 하나같이 미안해하고 후회했다. 수학여행이 끝나면 다시 자신의 품으로 돌아올 줄 알았던 아이들, 그 아이들에게 더 이상 시간이 흐르지 않는다는 것을 믿을 수가 없다. 그렇게 여기를 떠난 채로 생일을 맞은 아이를 위해 미역국을 끓이고 케이크를 사면서 세희 엄마는 또 운다.

아이들이 떠난 후 아이들 휴대폰에 저장해둔 동영상들이 하나둘 복원됐다. 동영상에서는 '현재 위치에서 움직이지 말고 대기하라'는 안내 방송이 반복적으로 나왔다. 선체가 기운 것이 확연하고 아이들은 동요하고 있었지만 곧 해경이 올 거라는 방송을 들으며 아이들은 구명조끼를 입은 채 대기하고만 있었다. 선생님들도 동요하는 아이들을 다독이며 침착하게 구조를 기다리도록 지도하고 있었다.

2학년 3반 김지인 엄마는 갑판에 사람이 하나도 없어서 아이들이 모두 구명조끼를 입고 바다에 뛰어들었겠거니 생각했단다. 누가 기울어진 그 배 안에 아이들이 있을 거라고 상상이나 했겠냐는 거다. 2학년 4반 김범수 아빠도 사고 나기 직전에 아이와 통화를 했다.

"지금 어떻게 하고 있어? 그랬더니 구명조끼 입고 배 기울어졌으니까 선생님들이 다 누워서 대기하라 했다고 그러더라고요. 그래서 내가 가방 같은 건 신경 쓰지 말고 다 버리고 안내 방송 나오면 잘 듣고 따라서 해 하니까, 아이가 좀 이따 아빠 살아서 갈게 했는데…."

내가 조금만 잘 했으면 아이가 살지 않았을까. 부모들은 매일 그 생각을 한다. 2학년 4반 강승묵 아빠는 "우리 승묵이보다 더 늦게 통화한 부모님은 '야, 빨리 나와' 해서 그 애는 살았단 말이에요. 저는 더 빨리 통화를 했는데도 우리 승묵이한테 선생님이랑 선장 지시에 잘 따르라는 얘기만 해서, 전 지금도 우리 승묵이 영정 사진을 똑바로 못 보겠어요"라고 말한다.

아이들이 남긴 동영상을 볼 때마다, 손에 잡힐 것처럼 살아 있는 아이들을 볼 때마다 부모들은 저 순간으로 돌아가 아이들을 구할 방법은 없었을까 생각한다.

2학년 4반 정차웅 부모는 처음 사망자 소식이 전해졌을 때를 기억한다.

"처음엔 정차웅이 아니고 차웅이 비슷한 이름을 부르더라고요. 그래서 나는 아니니까 가만히 있었는데, 집사람이 손을 들어서 우리가 맞다고 그랬어요. 심폐 소생술을 했다던데, 그래도 가능성이 있으니까 그렇게 했을 텐데, 조금만 버텨주지. 자기 구명조끼를 벗어 다른 아이에게 줬다고 하더라구요. 진도로 버스 타고 내려갈 때 다들 우리를 제일 안쓰러워했대요. 다른 부모들은 산 아이를 데리러 가는데, 우리만 죽은 아이를 데리러 간다고. 내가 뭘 그렇게 잘못해서 우리 아이가 이렇게 됐나. 그런 생각 많이 했어요."

하지만 그건 시작에 불과했다. 실종자 숫자가 차곡차곡 사망자로 옮겨왔다. 아이들이 올라오는 순서대로 번호가 매겨졌다. 2학년 9반 조은정은 89번이었다. 2학년 3반 유혜원은 102번, 최윤민은 133번이었다.

"근데, 웃기죠? 윤민이가 학급에선 번호가 33번이에요 성이 최 씨라서 가나다순으로 하니까 거의 마지막이거든요. 그런데,

그 아이가 나올 때도 133번이더라고요."

2학년 3반 김도언은 147번, 2학년 9반 고하영은 185번. 부모들이 평생 가슴에 안고 살아야 할 가장 슬픈 숫자다.

작은 것조차 고마워하는 사람

몇 달이 흘렀지만 부모들은 아이들의 주검이 올라오던 그 순간을 잊을 수가 없다. 2학년 9반 정다혜 엄마는 말한다. "처음에 아이들이 올라왔다고 하면 무조건 막 뛰어갔어요. 그때는 애들을 바닷가에 그냥 죽 눕혀놨었어요. 그럼 엄마들이 우리 아이가 있나 살펴봤죠."

2학년 3반 최윤민 엄마는 올라오는 아이들 수가 줄어들면서 넓은 공간에 아이 혼자 덜렁 눕혀놨던 걸 잊을 수 없다고 했다. 성호 아빠는 무언가를 움켜쥔 듯한 아이 손 모양이 아직도 생각난다. 그 손을 잡아주지 못해 마음이 아프다.

문이 열리자마자 멀리서 발만 보고도 알아봤다는 2학년 4반 강승묵 아빠는 아이 손을 잡아주고 싶었는데, 너무 오래 물속에 있어서 잡아줄 수 없었다며 울었다. 아이 생일날인 4월 23일에 아이를 찾았다는 2학년 5반 오준영 엄마는 아이 낳아서 처음 봤을 때와 입관하던 날 보았던 모습이 자꾸 겹쳐서 떠올라 견딜 수 없다고 했다. 185번째 올라온 2학년 9반 고하영 아빠는 시신이라도 온전히 찾은 부모들의 마음을 털어놨다.

"5일쯤 지나니까 아이를 찾은 사람들은 아는 사람들한테 '찾아가지고 올라갑니다' 그래요. 그러면서 '미안합니다. 우리 먼저 가서' 해요. 우리는 뭐라 그랬는 줄 알아요? '축하한다' 그래요. 어디서 죽은 자식 찾아가지고 가는데 축하한다는 소리가 나와요. 근데, 나중에는 그런 말이 자동으로 나오더라고요."

아이들에게 부모는 어떤 존재였을까? 나를 보호해주고 사랑해주는 존재, 자기가 크면서 점점 작아지는 존재였을까? 부모들은 아이를 잃고서야 자신들이 아무것도 아니었다는 사실에 가슴을 친다. 내 아이가 저 차가운 바다에 있는데, 그걸 아는데, 부모로서 할 수 있는 것이 아무것도 없다니. 2학년 5반 오준영 엄마는 "제가 조금이라도 똑똑하고 힘이 있고 권력이 있었다면 우리 애 빼낼 수 있지 않았을까. 다른 아이들도 다. 그냥 해줄 수 있는 게 우는 것 밖에 없어요. 그것 밖에 없어요. 그게 엄마인가 싶었어요" 하며 서러워했다.

2학년 3반 이지민 부모 역시 아무것도 한 게 없이 오로지 손 맞잡고 아이 올라오기만 기다릴 뿐이었다고 한다.

"제가 바지선에 들어가면 뭐합니까? 거기 가서 바다만 보고 있는 것밖에 없어요. 그래도 거기 있고 싶었어요."

승묵이 아빠도, 수진이 엄마도 한 명도 못 구했더라도 애들을 구하려고 노력했다는 것만 보여줬어도 이렇게까지 화는 안 나고 불신은 없었을 것 같다고 했다. 해경이며 다른 전문가들이 배가 기울어질 때라도 배에 들어갔으면 몇 명이라도 구해내지 않았을까, 그게 두고두고 안타까웠다.

무엇보다 가장 사랑하는 사람

2014년 6월 10일, 배에 아이들과 손님들을 남기고 탈출한 선장과 선원들의 공판이 있는 날이다. 아이를 잃은 부모들은 버스로 한꺼번에 움직이기로 했다. 광주법원으로 향하는 길, 선장과 선원들을 처음으로 직접 보는 날이다. 3시간 반을 달려 도착한 법원에는 취재진들로 북적이고 있었다. 비공개로 진행된 재판이 끝나고 밖으로 나온 부모님들의 얼굴은 하나같이 어둡고 무겁다.

"힘들어요. 자기네들은 다 자기 잘못이 아니라고들 하는데, 그럼 자기네는 살고 왜 우리 애는 죽었나요? 10시 20분까지도 살아 있었는데… 그런데 그걸 계속 보고만 있어야 해요. 내 아이가 죽었는데, 할 수 있는 게 아무것도 없어요. 무슨 아빠가 이래요?"

성호 아빠는 기어이 눈물을 쏟는다. 아이들을 위해 할 수 있는 것이 아무것도 없어서 부모들은 주말마다 시청 광장으로 간다. 아이들을 기억하러 가고, 우리 아이들이 왜 죽었는지 그 이유를 알기 위해 간다. 무대에 서는 것이 매번 힘들지만 부모들은 그 자리에 오른다. 성호 아빠는 오늘도 무대에 섰다.

"저는 4반 최성호 아빠입니다. 아들이 보고 싶어서 아들놈이 입던 옷을 입고 왔습니다. 아들 냄새가 나는 것 같아서. 제가 아들보다 배는 좀 더 나왔는데, 아들 옷 딱 맞게 입으려면 살을 빼야 할 거 같아요. 아들 양말에 운동화도 신었습니다. 보고 싶습니다. 딱 한 번만 만져보면 좋겠는데… 아들이 보고 싶은데 내 새끼는 죽었고 아무도 없습니다. 어떻게 살아야 될지도 모르겠고 뭘 해야 될지도 모르겠고… 보고 싶은데… 내 새끼가 보고 싶은데."

2학년 9반 정다혜 엄마도, 2학년 4반 정차웅 엄마도, 정휘범 엄마도 그 말에 모두 눈물을 흘린다. 힘들지만 아이 이야기를 하지 않으면 견딜 수가 없어서 오늘도 아이 이야기를 한다. 아이를 잃은 부모님들은 깊은 죄책감에 시달리고 있었다. 매 순간 고통 속에서 죽어갔을 아이를 떠올리며 자신이 아무것도 하지 못했다는 것을 자책하고 또 자책한다. 밥을 먹을 때도 '아이를 잃고도 밥이 입으로 들어가나', 잠을 잘 때도 '아이를 잃고도 잠이 오나', 그런 생각을 하느라 사람들을 만나지도 못한다.

이들은 같은 처지의 부모들을 만나 아이들 이야기를 한다. 하다 보면 깔깔깔 웃기도 하고, 대성통곡이 쏟아지기도 하지만 그것이 아이들을 위해 할 수 있는 유일한 일이기 때문에 그렇게 한다. 아이를 잃은 게 무슨 자랑이라고 매번 무대에 서느냐 손가락질해도 그것조차 하지 않으면 정말 아이를 위해 자신들이 한 일이 아무것도 없다는 생각에 두고두고 후회할 것 같았다.

함께 견디면서 힘이 돼주는 사람

모두 설레는 마음으로 수학여행을 떠났다. 하지만 325명 중에 75명만 부모님 품으로 돌아왔다. 2학년 4반은 38명 중에서 28명이 돌아오지 못했다. 아이의 마지막을 돌이키는 일은 매번 괴로운 일이지만 부모들은 살아가는 매 순간 아이들의 마지막을 떠올릴 것이다. 몇 달 전까지 아이들이 앉아서 공부했을 책상에 아이 대신 꽃 화분을 놓으면서 책상을 가만히 쓸어본다. 시간이 지날수록 무력한 자신에게 화가 나고 아이에 대한 미안함이 커져간다.

뭐라도 해야 한다, 그래서 부모님들은 거리로 나갔다. 아이들이 그랬듯이 부모님들도 같은 반끼리 움직인다. 같은 고통을 겪었다는 것만으로도 서로 위로가 된다. 특히 희생이 컸던 4반 부모들은 자주 아이들의 명찰을 걸고 거리로 나선다. 잘 나온 아이의 사진을 골라 잘 보이도록 집어넣은 목걸이 명찰을 걸고 전국으로 서명 운동을 다니기도 한다. 평범한 부모였던 사람들이 무슨 말을 해야 할지도 모르면서 바삐 스쳐가는 낯선 사람들을 붙든다. 아이에게 미안해서, 자신이 위로받기 위해 그렇게 한다.

한동안 안산 곳곳에서 크고 작은 추모제가 열렸다. 부모들은 이곳에 나가곤 한다. 산책을 나왔던 몇몇 부모님들이 오늘도 자리를 함께했다.

"저는 2학년 4반 8번 김범수 아빠데요. 아이 엄마랑 둘만 있으니까 조금 극복하기가 힘든 거 같고, 저는 남자라 그래도 많이 이겼는데 저희 집사람 오늘 처음 이런 곳에 나왔어요. 사람들 만나는 거 아직 힘들어하고 언제 완전히 괜찮아질지 모르겠지만 주변에서 많이 도와주셔서 힘을 얻고 있습니다."

관중들은 말없이 격려의 박수를 쳐준다. 두 아들의 엄마로 평범하게 살아온 범수 엄마는 다시는 예전으로 돌아갈 수 없을 것이다. 부모에게 자식을 잃는다는 것은 세상을 잃는 것이나 마찬가지니까. 하지만 함께 견뎌주는 가족이 곁에 있기에, 그들의 아픔을 이해하는 이웃이 있기에 버틸 수 있다. 잃어버린 아이의 빈자리 그대로 그들은 살아갈 것이다. 아이를 잃고서야 부모가 아이를 위해 할 수 있는 일이 무엇인지 알게 되었다. 그냥 있는 그대로를 사랑해주는 것, 그리고 기억해주는 것. 그것이 부모가 아이를 위해 할 수 있는 가장 큰일이다. 당신은 지금, 충분히 사랑하고 사랑받고 있는가?

나중은 없다

아이들이 다시 살아온다면, 부모들은 무엇을 해주고 싶을까?

2학년 3반 유혜원 아빠
"딱 한 번만, 딱 한 번만 안아보고 싶어요, 우리 딸."

2학년 9반 정다혜 아빠
"이 못난 아빠가 뭔 얘기를 할 수 있겠어요. 진짜 많이 사랑했다는 거."

2학년 9반 박예지 엄마
"만져보고 싶어요. 안아주고 싶고. 사랑한다 말해주고 싶고. 엄마한테는 17년 짧게 있다 갔지만 나중에 만나면, 하늘에서 만나면, 그때는 엄마 딸로 오래오래 살아달라고."

2학년 4반 최성호 아빠
"만약에 그럴 수만 있다면 저한테 다시 한 번 와줬으면, 그래서 행복하게 잘 살아봤으면 좋겠어요. 그게 제일 큰 제 소원이에요."
사고가 나지 않았으면 성호는 방학 때 아빠가 계신 말레이시아에 갔을 것이라고 한다. 재작년에 만들어준 아들의 첫 여권에 도장도 찍어주고 더 넓은 세상을 보여주려고 했다. 첫 해외 여행, 아들 성호와 단 둘이 이야기를 많이 하려고 했다. 아빠는 홀로 공항에 갔다. 그리고 아이의 항공권을 끊어 출국장에서 여권에 도장을 찍어주었다.

아이를 위해 아무것도 할 수 있는 게 없다던 부모님들에게 아이가 돌아오면 하고 싶은 것을 물었을 때, 거창한 것을 이야기하지 않았다. 이야기를 많이 하겠다, 사랑한다고 말해주겠다, 한 번 안아주겠다. 부모가 할 수 있는 건 어쩌면 그렇게 작지만 큰 그런 일 뿐이다. 사람들은 이제 잊으라 한다. 그래야 한다는 걸 모르는 게 아니다. 하지만 기억하는 것, 그것만이 부모가 할 수 있는 일이고, 부모가 할 수 있는 일이 그것뿐이기에 부모는 오늘도 그걸 한다.

마지막 식사

가족의 상실은 존재로써, 관계로써 가족을 재정의한다. 어느 날 갑작스럽게 들이닥친 가족과의 이별, 미처 준비할 새도 없이 맞은 상실은 남은 가족에게 큰 상처를 남긴다. 하지만 죽음의 문턱에 선 사람들이 가족과 이별을 준비할 시간을 가질 수 있다면, 이 헤어짐은 후회와 고통 대신 특별하고 따뜻한 추억으로 가슴에 남을 수 있다. 나아가서 오히려 삶이 축복이고 선물이었음을 깊이 깨닫게 해줄 것이다. 여기 특별한 이별을 준비하는 세 가족이 있다. 이들이 나눈 마지막 시간을 통해서 우리 생애 마지막 순간에 과연 가족은 어떤 의미인지 생각해보자.

우리나라에서 매년 암 등의 말기 질환으로 사망하는 사람은 6만여 명. 하지만 이들은 차가운 병원의 병상에서 의료 장비 스위치를 끄는 것으로 죽음을 맞는다. 질병으로든 노환으로든 병원에서 죽음을 맞는 것은 이제 자연스러운 일이 되었다. 2011년 사망자 25만 7,396명 가운데 17만 6,324명(68.5퍼센트)이 병원에

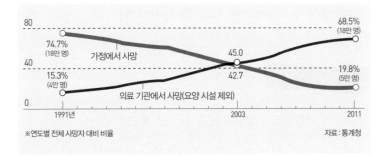

임종 장소가 병원이 된 것은 그리 오래된 일이 아니다. 불과 20여 년 전인 1991년만 해도 대부분 집(74.8퍼센트)이었고 병원(15.3퍼센트)은 특별한 경우였다. 병원 사망이 차츰 늘어나더니 2003년부터 가정 사망을 추월하여 지금은 완전히 역전되었다. 하지만 죽기 전 마지막 시간을 보내고 싶은 곳으로 사람들이 꼽은 곳은 압도적으로 집이었다. 2011년 한 조사에 따르면 조사 대상의 46퍼센트가 익숙한 곳에서 자유로운 생활을 하며 가족과 함께 마지막 시간을 보내고 싶다고 응답했다(연세대 의료윤리법협동과정 박재영 박사 학위 논문, 2011년 40세 이상 성인 남녀 500명 대상 설문 결과).

서 숨졌다. 병원 이송 중 임종을 맞은 사람은 8,076명, 집에서 임종을 맞은 사람은 5만 1,079명(19.8퍼센트)에 불과하다.

하지만 죽음의 두려움보다 더 큰 육체적 고통을 겪어야 하는 말기 질환 환자들이 집에서 죽음을 맞는 것은 현실적으로 어렵다. 호스피스 병동은 이들을 위한 곳이다. 통증을 경감시키면서도 죽음의 과정을 겪는 환자가 편안한 임종을 맞고, 그를 지켜보는 가족들 역시 실의와 상실감에 오래 머물지 않고 고인을 잘 떠나 보낼 수 있도록 돕는다. 어쩌면 죽음과 함께 간호가 끝나는 환자보다 오래도록 그 아픔을 끌어안은 채 살아야 하는 남은 가족들을 돌보는 일이 훨씬 중요할지도 모른다.

생의 마지막, 아름다운 이별을 준비하다

김영아 씨 이야기

엄마에게 "사랑해라는 말밖에 해줄 수 있는 게 없어요"

경기도 용인에 있는 샘물호스피스선교회는 1993년부터 지금까지 20년 넘게 말기 암 환자를 돌보아온 곳이다. 이곳에서 김영아 씨를 만난 것은 철쭉이 활짝 피고, 담쟁이 넝쿨에 새잎에 돋아나던 2014년 5월 무렵이었다. 그녀는 어버이날을 앞두고 어머니께 드릴 마지막 선물이 될지 모를 카네이션 만드는 수업을 누구보다 열심히 듣고 있었다. 조금만 움직여도 금세 땀에 젖을 만큼 약해진 체력에도 예쁘게 접은 카네이션으로 작은 화분을 완성했다.

"어버이날인 걸 며칠 전부터 잊으려고 노력했어요. 왜냐하면 제가 여기 있다 보니까 엄마한테 아무것도 해줄 수가 없잖아요. 그래도 아침에 전화를 드렸어요. '엄마, 내가 여기 있어서 엄마한테 아무것도 해줄 게 없네. 그래도 사랑해.' 그리고 그냥 끊었어요. 엄마를 생각하면 왜 이렇게 눈물이 나는지 모르겠어요."

어느새 흐른 눈물을 닦는 영아 씨는 대장암 말기 환자다. 샘물호스피스에 들어온 지는 이제 두 달째. 발병하고 네 번이나 수술을 받았지만 뼈까지 전이된 상태로 응급실에 실려갔다가 이곳으

대장암 말기로 호스피스 병동에 있는 영아 씨는 엄마에게 전화하면 아프다는 말밖에 할 말이 없어 망설일 때도 많지만 그래도 사랑한다고 말하기 위해 전화기를 든다.

로 왔다. 호스피스 병원에 와서 가장 고통스러웠던 아픔을 덜고 이제 조금 지낼 만하다. 이혼 후 아들 하나와 함께 살고 있는 영아 씨를 돌봐주는 사람은 없다. 엄마는 영아 씨의 병원비를 버느라 아직도 일을 하신다. 어머니가 걱정하실까 아픈 내색도 못하고 있지만 영아 씨는 느낌으로 알고 있다. 하루하루 몸이 달라지고 있다는 것을. 그래도 되도록 남의 도움 없이 뭐든 혼자 하려 한다.

"엄마에게 전화가 와도 할 말이 없어요. 그냥 아프지 않다는 말만 하고. 말을 안 한다고 모르겠어요? 이곳 생활이라는 게. 오늘 링거 맞았어, 배가 아팠어, 말할 거라곤 이런 거뿐인데, 이런 얘기 들으면 속상하실 거 아니에요?"

간호사가 들어와 발목에 고무줄을 묶는다. 주사 바늘을 찌를 혈관을 찾는 것도 이제 쉽지 않다. 병세가 악화되면서 혈관 수축

이 심해졌기 때문이다. 혈관을 찾아 바늘을 꽂자 영아 씨의 미간이 살짝 찌푸려진다.

아들에게 "미안해, 오래 함께 못 있어줘서"

영아 씨의 마음은 요즘 많이 위축되어 있다. 세상과 작별의 시간이 가까워질수록 마음이 급해진다. 오전 처치 시간이 지나고 침대에 누운 영아 씨는 연신 누군가에게 전화를 건다.

"오라는 전화는 오지도 않고."

끝내 응답이 없는 전화를 끊으면서 나지막이 푸념한다. 영아씨는 아들의 전화를 기다리고 있었다. 어버이날이라 오전부터 은근히 기대하고 기다렸건만 전화도 없고, 받지도 않는다. 아빠없이 큰다고 안쓰러운 마음에 너무 오냐, 오냐 하고 키웠나 하는 생각이 든다. 남편과 이혼한 후 자신도 강해져야 했지만 그만큼 아이도 강해져야 한다고 생각했다. 잘못한 일이 있을 때면 더 엄하게 굴었다. 혼내고 회초리도 들었다. 그러고 나면 마음이 아파서 잠든 아이의 상처를 보고 울기도 많이 울었다. 생각해보면 자신한테 와서 아이도 참 고생 많았다 싶다.

회복될 가망성을 포기하고 호스피스 시설에 들어오면서 좀 더 많은 시간을 아이와 함께 보내야겠다고 생각했다. 그동안 아이와 먹고살아야 해서 함께 보낼 시간을 줄일 수밖에 없었다. 아침이면 출근하느라 바빠 아이 아침밥도 챙기지 못했던 것이 새

두고 떠나야 하는 아들
이 눈에 밟혀 하루에도
몇 번씩 전화하지만 아
들은 엄마를 외면한다.

삼 마음에 걸렸다. 남들은 쉽게도 가는 여행 한 번을 아이와 함께 못 갔다. 그래도 몸이 건강했을 때는 시간 여유가 나면 영화도 보러 가고 분위기 있는 레스토랑에서 스파게티도 먹었는데, 이제는 그마저도 꿈꿀 수 없게 됐다. 떠나기 전에 아들에게 따뜻한 밥 한 끼 먹일 수 있을까? 이런 마음을 아는지 모르는지 아이는 엄마 전화에 묵묵부답이다.

오늘따라 영아 씨 컨디션이 좋지 않다. 말기 질환 환자들이 가장 고통스러워하는 것은 죽음이나 삶에 대한 미련이 아니라 시시때때로 엄습하는 엄청난 통증이다. 치료를 위한 진료가 이루어지지 않는 대신 호스피스 병원에서 중점을 두는 것도 바로 이 통증 완화다. 마지막이 다가올수록 손가락 하나 움직일 수 없을 만큼 엄청난 고통이 자주, 더 심하게 찾아든다. 하지만 이런 고통은 아주 가까운 사람들과도 나눌 수 없는, 온전히 혼자 감당해야만 하는 고통이다.

　고통이 수그러들자 영아 씨는 거울을 꺼내든다. 통증이 있을 때는 될 대로 되라는 마음이지만 그 파도가 지나가면 이리저리 뒤채느라 머리카락이 뒤엉키지 않았나 자신도 모르게 흘러내린 눈물로 얼굴이 얼룩지지는 않았나 신경이 쓰인다. 머리를 빗고 옷매무새를 가다듬는다. 혼자 살아서 막 산다는 말이 듣기 싫기 때문이다. 네 번의 대장암 수술을 하면서도 직장 생활을 이어갈 만큼 의지력이 강했던 영아 씨는 혹시나 밖에서 아들 명준이가 부족하다는 소리를 들을까 더욱 깔끔을 떨었다. 때론 친구 같고 때론 연인같이 서로 의지하고 힘이 되었던 두 모자였다.

1분 1초가 얼마나 애틋한지 예전엔 몰랐습니다

호스피스 병동에 시간이 흐른다. 이들에게는 1분 1초가 간절하고 애틋한 시간이다. 영아 씨가 하루만에 상태가 나빠졌다. 아침에 영아 씨를 보살폈던 자원봉사자는 밤새 열 때문에 땀을 흘렸던 영아 씨가 직접 빨래를 개고, 비품을 챙기고, 땀에 젖은 환자복을 수거함에 넣는 것을 그저 지켜볼 수밖에 없었다. 영아 씨가 움직일 수 있는 한 조금이라도 더 움직이고 싶어 했기 때문이다. 그리고는 다시 극심한 고통에 휩싸였다. 강력한 모르핀 주사를 맞고 자리에 누운 영아 씨는 진통제를 맞았는데도 쉽게 잦아들지 않는 통증에 자원봉사자에게 기도를 청했다. 통증보다 두려운 것은 이 상태가 나아지지 않아 아들과 약속한 여행도, 식사도 하지 못하게 되는 것이었다. 그에 비하면 고통이 지나가게 해달라는 기도는 너무 쉬웠다.

조금 견딜 만해지자 옷매무새를 가다듬고는 다시 전화기를 들여다본다. 혹시라도 그사이에 아들이 연락을 하지 않았을까 싶었지만 부재중 전화 한 통 없다. 침대에 누워 눈조차 뜰 수 없는 통증과 무기력에도 영아 씨는 휴대폰을 꼭 감싸쥔다.

신자현 씨 이야기

나이 마흔여섯, 26년간의 투병

악성 림프종 말기 환자인 신자현 씨는 병원에서 더 이상 치료 방법을 찾을 수 없자 완화 치료를 위해 서울의료원을 찾았다. 통증만 다스릴 뿐, 실질적인 치료는 포기한 것이다. 대학에 입학한 해, 궤양성 대장염이 발병한 후 면역력이 떨어지면서 크고 작은 질병에 시달리다 스물아홉이 되던 1999년 간경화로 진행되어 간 이식 수술을 받았다. 벌써 26년째, 한 번으로 끝날 줄 알았던 간 이식을 9년 후에 한 번 더 했다. 그리고 5년 후 다시 수술을 권유받았을 때 자현 씨는 거부했다.

병원에서는 마흔여섯이 포기하기에는 이른 나이라고 했지만 이제 그만 됐다 싶었다. 얼마 후 매해 받던 대장 내시경에서 악성 림프종이 발견됐다. 병원에서는 지금의 간 상태로는 항암 치료를 받을 수 없다고 손을 들었다. 26년을 크고 작은 병에 시달려온 만큼 가족은 지쳐 있었다. 특히 자현 씨 곁을 누구보다 오래 지켰던 부모님과의 갈등이 심해져 있었다. 이를 풀고 가는 것이 자현 씨의 바람이다.

1남 4녀의 맏딸로 부모님 사랑을 온전히 받았지만 병치레가 길어지면서 자현 씨는 자현 씨대로 부모님은 부모님대로 미안하고 고마운 마음을 서로에게 솔직히 털어놓지 못했다. 자현 씨는 부모님이 자신을 편안하게 대하면 좋겠다고 생각하지만, 부모님은 그게 어려우신가 보다. 아픈 아이라 조심스럽다 보니 부모 입장에서도 서운한 마음이 쌓여도 말할 수 없어 서로에게 깊은 상처가 남았다.

최근 들어 복수가 자주 차올라 응급실을 시시때때로 찾아야 하는 자현 씨와 동행하는 사람은 어머니. 자현 씨에게 가장 가깝고도 편한 간병인이다. 하지만 그림자처럼 붙어다니면서 남들보다 서운한 감정도 더 많이 쌓였다.

딸의 생각 "살아 있는 동안 하고 싶은 일을 하며 즐겁게 살고 싶어요"
같은 공간에 있지만 아버지도, 어머니도 자현 씨에게 말을 걸지 않는다. 필요한 말 몇 마디 오가는 게 전부다. 맨날 붙어 지내는 데다 특별히 새로운 화제도 없으니 당연하다. 자현 씨는 지금처

자현 씨의 아침 식사 자리에는 다른 식구들이 없다. 독립한 형제자매들이야 그렇다 치고, 부모님도 함께 자리하지 않는다. 자현 씨의 식사 시간이 오래 걸리다 보니 아무래도 보조를 맞추기 힘들어 자연스럽게 그렇게 됐다.

럼 셰프가 선망 받는 직종이 되기 전에 이미 이탈리아 유학파 셰프로 나름 잘나갔다. 부모님은 그런 자현 씨가 자랑스러워 기사가 날 때마다 열심히 스크랩을 했다. 하지만 요리사라는 직업은 주로 저녁에 일이 많고, 재료 준비 등을 하느라 일찍 자지도 못하는 등 생활이 불규칙했다. 아버지는 그런 생활이 자현 씨 건강을 해치지 않을까 걱정이 많았다. 하지만 오래 아파왔던 자현 씨는 살아 있는 한 하고 싶은 일을 실컷 하며 즐겁게 살고 싶었다.

　세 번째 간 이식 수술을 해야 한다고 했을 때, 자현 씨는 그 고통스러운 과정을 또다시 반복해야 하는 것이 싫어서 수술을 거부했다. 이는 25년간 병수발을 들었던 부모님에겐 절망이었다. 병원에서 2개월 시한부 판정을 내렸다. 그 후 아버지와 사이가 급격히 나빠졌다. 자현 씨는 주어진 시간을 담담하게 보내고 싶었지만 부모님은 조금이라도 더 살 수만 있다면 한 번 더 수술을 하면 좋겠다고 생각했다. 가족이라서였을까? 친구들은 오히려 자신의 결정을 담담하게 받아들이고 평상시처럼 대하는데, 왜 가족들은 얼굴을 찌푸리고 서로 불편해하는지 자현 씨는 괴로워 했다.

간성 혼수와 온몸을 뒤틀게 하는 고통이 반복적으로 찾아왔다. 복수가 차올라 며칠 사이에 몸무게가 3킬로그램씩 왔다 갔다 한다. 기억력이 떨어지면서 물건이나 약속들을 잊기 일쑤다. 약 먹는 시간, 병원 예약 시간도 수시로 잊는 자현 씨를 위해 어머니는 손발이 되어줄 수밖에 없다. 나이 드신 어머니가 안쓰러워 여러 번 간병인을 쓰려고 했지만 그것도 며칠뿐이었다. 이제 자현 씨는 어머니에게 덜 의존하기 위해 녹음기를 몸에 지니고 다닌다.

아빠의 생각 "아직 더 살 수 있는데 포기하다니, 딸에게 화가 납니다"
자현 씨는 남은 시간이 얼마 되지 않으리라는 걸 알고 난 후, 버킷 리스트를 만들었다. 그중 하나는 남을 돕는 일. 지금은 방글라데시 소녀 한 명을 후원하고 있지만 삶이 조금씩 길어지면 아이들을 하나둘 더 늘리고 싶다. 그러나 지금으로서는 30분, 1시간이 더 주어지는 것이 고마울 뿐이다. 오늘은 두 번째 버킷 리스트를 이루기 위해 어머니와 함께 길을 나섰다. 오랜 간병에 지쳐 있는 어머니와 심리 상담을 받기로 한 것이다. 불편하고 어색

셰프인 자현 씨는 사는 동안 하고 싶은 일을 하며 즐겁게 살고자 했지만 아버지는 그 일이 딸의 건강을 더 나빠지게 했다고 생각한다.

했지만 어머니는 염려와 달리 그동안 답답했던 속내를 솔직히 털어놓는다.

"처음 자현이가 이식 수술을 받았을 때는 진짜 마음도 간절하고 막 애가 타고 그랬는데, 그게 점점 시들해지더니 지금은 그냥 무덤덤해요. 암만 생각해도 왜 그런지 모르겠어요. 이런저런 가능성들을 다 포기하고 보니까 이제는 더 할 수 있는 게 없어서 그런가. 가끔은 뭐 때문에 사는지 모르겠다니까. 그냥 어제 잘 살았으니 그것으로 고맙습니다, 그뿐이에요."

자현 씨 어머니는 심리적인 무기력감에 빠져 있었다. 자현 씨는 간병인을 써서 어머니가 그 시간에 쉬든지, 아니면 전처럼 복지관에 가서 또래 어르신들이랑 어울리며 노래도 부르면 좋겠다고 생각하는데, 엄마는 자기 자신에 대해서조차 아무런 감정도 느끼지 못하는 상태가 되어버린 것 같다. 자현 씨는 엄마가 끝나지 않는 가족들 뒷바라지에 지쳐 자신의 삶과 욕망, 자존감을 다 잃으신 것은 아닐까 걱정이다. 내가 떠나도 어머니는 남은 삶을 건강하고 씩씩하게 이어가셔야 하는데….

자현 씨 차례가 되었다. 자현 씨는 자신이 가족들에게 부담이 되고 있다는 것, 자신에게 마음을 쓰느라 스스로를 챙기지 못하는 것을 볼 때 괴롭다고 했다.

"가족들이 저를 안 보면 그 안 보는 그 시간만큼은 절 잊어버리고 있었으면 좋겠어요. 그런데, 우리 부모님은 너무 자식들을 끼고 계세요. 곁에 있으나 없으나. 그게 다 사랑이고 염려라는 건 알지만…. 우리 집은 남들이 보기엔 가정적이지만 아빠라는 나라에서 아빠가 명령하는 대로 살아야 하는 면이 있거든요. 엄마까지도. 저도 그렇지만 엄마가 아빠로부터 조금은 독립적인 자신만의 삶을 살아가길 바라요."

그래서 자현 씨도 가족들을 편안한 마음으로 보고 싶다. 서로의 삶이 서로의 삶에 얽혀서 짜증내거나 소리 지르지 말고 서로의 존재에 감사하면서 또 서로 불쌍하게 여기면서 하하, 호호 남아 있는 시간을 행복하게 보냈으면 좋겠다. 상담이 끝난 후, 어머니는 자현 씨를, 자현 씨는 어머니를 꼭 안아준다.

"고생시켜서 미안하다."

"엄마가 왜? 엄마가 왜 미안해?"

"내가 널 건강하게 잘 낳았어야 했는데, 그렇게 못 낳아서… 미안해."

애틋한 마음이 전해진다. 고마웠고 미안했던 마음, 25년간 힘들고 고통스러운 시간이 남긴 것이다.

미워했고, 사랑했고, 고마웠어요

자현 씨는 간성 혼수가 찾아와 병원에 입원했다. 오늘도 자현 씨를 지키는 사람은 어머니다. 자두가 제철이라 자두를 사온 어머니는 자현 씨와 사이좋게 새콤달콤한 자두를 베어 문다. 입안으로 퍼지는 자두 향과 맛에 살아 있다는 감각이 새삼 또렷해진다. 며칠 뒤 자현 씨의 또 다른 버킷리스트가 성사되는 날, 오늘은 아버지와 단둘이 소풍을 간다. 지팡이를 짚고 병원에 들어서는 아버지, 병실에서 나들이 준비를 하는 딸은 이 시간이 과연 어떤 시간이 될까 생각한다. 함께 차를 타고 가며 자현 씨가 말을 건다.

"이렇게 오랜만에 만나니 애틋하지?"

"그럼, 떨어졌다 만나면 그렇지, 뭐."

"내가 이태리 갔다 올 때도 그랬고, 또 어디지? 지혜네 집 갔다 올 때도 그렇고. 그렇게 헤어져 있다가 만나면 아빠가 나한테 너무너무 잘해주잖아."

"유행가도 있잖아. 안 보면 보고 싶고, 뭐 그런 거. 사람 마음이란 게 다 비슷하지."

"하하하, 아빠가 유행가를 다 아네. 처음 알았어."

얼마 만에 아빠와 마주보고 웃는지 모른다. 차에서 내리자 아버지가 딸의 휠체어를 밀어주겠다고 나선다. 관절염 때문에 지팡이 없이는 잘 걷지도 못하는 늙은 아버지가 젊디젊은 딸의 휠체어를 민다. 추억으로 남긴다며 이런저런 쑥스러운 포즈를 요구하는데도 아버지는 두말없이 척척 해준다. 딸과의 시간이 조금씩 줄어들고 있다는 사실을 알기 때문이다. 아버지가 사진을 찍기 위해 포옹하는 자세를 취하자 자현 씨는 끝내 눈물을 보인다. 울지 말아야지 했는데…. 아버지는 그런 딸을 보며 담담하게 "울고 싶으면 울어야지"라 말한다.

미워했고, 사랑했고, 고마웠던 시간들이 밀려온다. 아버지를 처음 아버지로 만들어주었던 순간부터 처음 목을 가누고 눈을 맞췄던 순간, 첫걸음을 떼던 순간, 학교에 입학하던 날, 그리고 싸우고 화해했던 모든 시간들. 가족을 가족이게 만드는 것은 피를 나누었기 때문이 아니라 이런 시간들을 나누었기 때문이다. 젊은 딸의 마지막을 가늠하는 늙은 아버지에게 그 시간들은 이제 사랑의 기억으로 남을 것이다. 그래서 딸은 아버지에게서 영원히 떠나지 않는다. 가족은 그렇게 서로를 기억해주는 존재다.

송윤화 씨 이야기

아내의 마음 "죽음이 서로를 갈라놓을 때까지 함께하는 게 부부겠지요"

남녀가 만나 사랑을 하고 가정을 이룬다. 가족의 탄생이다. 말이 없어 믿음직스러웠던 한 남자와 결혼을 약속할 때, 아이들이 태어날 때, 지지고 볶을 때도 이 사람과 어느 날 갑자기 헤어져야 한다는 생각은 하지 못했다. 최영미 씨도 그랬다. 언제나 굳건히 내 곁에서 인생의 기쁨과 슬픔을 함께 누리고 이겨내리라 생각했던 남편과의 이별은 갑자기 닥쳤다.

올해로 결혼 20년차인 송윤화 씨는 일을 하다가 허리와 등이 몹시 아파 병원을 찾았다. 무리해서 인대가 늘어났거나 뼈에 금이라도 갔나 보다 생각했다. 40세 넘어서 건강보험공단에서 격년으로 나오던 건강 검진도 제대로 받지 않을 만큼 건강했다. 아픈 김에 건강 검진이나 받아볼까 했는데, 2차 검사를 받으라는 연락이 왔다. CT 촬영을 하란다. 췌장암 말기였다. 간과 뼈로 암세포가 전이되어 길어야 10개월이라는 말을 듣고 완화 병동에 들어온 지 어느새 9개월, 이제는 남은 날을 하루하루 헤아려야 할 만큼 끝이 보인다. 더 자주 아프고, 응급 상황도 더 자주 생긴다.

병상에 누운 채 생일과 결혼기념일을 맞은 송윤화 씨와 아내 영미 씨는 이게 마지막일 거라는 생각에 마음이 무너진다. 통증

어느 날 갑자기 가족의 일원이 죽음을 선고받으면 가족 전체가 흔들린다. 그럼에도 진실은 죽기 직전까지는 누구나 살아 있다는 것이다. 그것이 가장 중요하다.

때문에 24시간 누워 지내는 송윤화 씨 앞에 생일 케이크의 촛불이 켜진다. 일부러 의미를 두지 않으려는 듯 가족들의 축하 노래가 끝나기도 전에 입김 대신 손사래를 쳐 촛불을 끄자 다들 그러는 법이 어디 있냐고 아우성이다. 모두들 '마지막' 생일의 무거움을 잊고 싶은 것이다. 이런 이벤트가 지나가면 병원에서의 일상이 찾아온다. 부부는 폐기물 집하장을 함께 운영하며 24시간 붙어 지냈다. 아내는 남편이 사라진 일상을 상상할 수조차 없다.

"3월달까지는 제가 진짜 정신을 못 차렸어요. 죽다 살았죠, 뭐. 이거는 살아야 되는 건지 말아야 되는 건지… 병에 걸린 사람이 있으면 곁에 있는 사람도 앓는다더니, 무슨 말인지 알겠더라고요. 우울증이 심해지면서 살아가야 할 의지 자체가 사라지니까요. 남은 기간이 얼마나 될지 몰라요. 어느 순간 찾아오겠

죠. 병실에 있으면 한 사람씩 떠나는데, 그걸 보고 있으니 점점
더 두려워져요."

떠나는 아빠에게 남겨진 가족이

윤화 씨도 아내를 두고 떠날 일이 걱정이다. 아내는 시원시원하
게 큰일은 잘 해내지만 찬찬하고 꼼꼼하게 작은 일들을 살피는
데는 서툴다. 자꾸 마음에 걸린다. 결혼할 때 행복하게 해주겠다
고 약속했는데, 아내에게도, 아이들에게도 큰 아픔을 주게 되어
속상하다. 가족과 함께 남들처럼 늙어가지 못하는 게 미안하다.

　아빠가 완화 병동에 들어온 후, 아이들의 일상도 많이 달라졌
다. 고3인 첫째 유빈이와 고2인 둘째 혜성이, 11살 막내 민성이
까지 대부분의 시간을 엄마 없이 보내야 한다. 엄마가 해주던 모
든 일들을 아이들끼리 해야 한다. 엄마가 자리를 비운 집은 대번
에 티가 났다. 여기저기 쌓여 있는 빨랫감, 각자 챙기고 나가느
라 바빠 치우지 못한 방 안도 엉망이다. 밥때가 되어 냉장고를
열어본 유빈이는 떡볶이 떡과 유부초밥 재료를 꺼낸다. 오늘 점
심은 떡볶이와 초밥이 될 모양이다.

　누나들이 스마트폰까지 동원해서 서툰 솜씨로 음식을 준비하
는 동안 민성이도 상을 꺼내고 잔일을 돕는다. 아빠와 함께 만들
곤 했던 계란찜까지 삼남매가 합심해 제법 풍성한 식탁을 차려
낸다. 매일 병원에 들러 잠깐 아빠 얼굴을 보고 집에 돌아오면

이렇게 누가 시키지 않아도 각자 할 일을 챙긴다. 고3 수험생에, 한창 사춘기 투정을 부릴 때지만 아이들은 안 그래도 힘든 부모님을 더 힘들게 할까 봐 내색도 하지 않고 남들보다 빨리 어른이 되고 있다. 아빠의 투병과 엄마의 빈자리 앞에서 아이들은 조금씩 단단해지고 있었다.

"언니나 저나 어른이 되면 결혼할 거 아니에요? 아빠랑 같이 결혼식장에도 들어가야 하는데… 아빠가 울지 말랬는데, 아빠 아직 가지도 않았는데 왜 우냐고, 그래서 안 운다고 얘기는 했지만 볼 때마다 아빠가 점점 더 말라가니까 너무 마음이 아파요."

"아빠랑 놀고 싶은데, 아파서 못 놀아요. 친구들이랑 축구할 때는 잊어버리고 있지만 집에 들어오면 아빠 생각이 나요."

"아무래도 내가 누나고 언니니까 옛날부터 잘 해야겠다 잘 해야겠다 생각은 해요. 마음은 그렇게 먹어도 또 행동은 그렇게 안 되고… 그래서 스트레스 받아요. 학교에 가서 친구들이랑 이런 저런 이야기들을 하면 집안일이 덜 생각나지만 집에만 오면 생각이 많아지고 우울해지니까…."

큰애는 큰애대로, 막내는 막내대로 아이들마다 생각이 많다. 가족의 죽음을 준비한다는 것은 쉽지 않은 일이다. 부부 역시 하루에도 몇 번씩 맑았다 흐렸다를 반복한다. 담담하게 죽음을 준비하자고 생각하다가도 왜 나한테 이런 일이 생겼나 대상도 없이 원망이 솟구친다. 아이들이랑 아내의 모습이 짠하다가도 장

레에 대해 이것저것 물을 때면 자신이 빨리 죽기를 바라나 싶어 서운하다. 얼마 남지 않은 삶을 의미있게 보내야지 몸을 추스르다가도 이게 다 무슨 소용인가 싶어 맥이 풀린다.

유한한 시간, 서로에게 좋은 가족이 되기 위해

추억은 힘이 세다

영아 씨는 사람들이 모이는 장소는 되도록 빠지지 않았다. 그 순간만큼은 외롭지 않고 살아 있다는 것을 느낄 수 있다. 호스피스라고 해서 모든 사람들이 침상에 누워 있지는 않다. 움직일 수 있는 사람들은 모여서 뭔가를 배우기도 하고, 노래도 하고, 영화도 보고, 인형극도 한다. 오늘은 음악 봉사자들이 병원에 왔다. 마음을 평화롭게 만드는 찬송가가 나오자 영아 씨는 눈을 감고 가만히 노래를 따라 불러본다. 요즘은 모든 순간이 기도로 변한다. 살아온 시간이 조용히 돌이켜질 때도 있고, 자신이 떠나고 남겨질 사람들의 평화를 위해 기도하기도 한다. 후회도, 회한도 없지만 자주 눈물이 났다. 이혼 후 아이와 함께 경제적 어려움에서 벗어나려고 밤낮없이 일했던 시간들, 병을 알고 몇 번의 수술을 받은 일이 떠올랐다 지나간다.

아버지 병구완을 끝낸 지 얼마 되지 않은 어머니가 자신의 병수발을 하느라 또다시 바깥으로 일을 하러 나가는 모습을 보면서 고맙다고도 미안하다고도 말하지 못했다. 영아 씨 어머니 역시 마음 편히 한번 살아보지 못한 젊디젊은 딸의 박복한 운명에 기가 막힌다. 그저 영아 씨 목소리를 듣는 것으로 하루를 또 살아낼 힘을 번다.

사는 게 바빠 엄마와도 아들과도 여행 한번 가보지 못한 영아 씨는 마지막으로 가족 여행, 그리고 아들과 함께하는 식사를 계획했다. 마지막 식사 자리를 도울 사람은 산에서 암 환자들을 위한 호스피스 요리를 연구하고 있는 용서해 씨다.

교향악단에서 24년간 플루트를 연주하며 호스피스 환자들에게 음악 봉사를 하던 용서해 씨는 말기 환자들이 섭생으로 어려움을 겪는다는 사실을 알고 요리를 배워 셰프가 되었다. 이제는 강원도 산골에 살면서 자연을 거스르지 않는 방식으로 재배된 식재료를 구해 가장 애틋한 사람들과 나누는 마지막 밥상을 차려주는 일을 한다. 용서해 씨가 복통으로 입맛을 잃고 겨우 죽만 먹고 있는 영아 씨를 위해 연한 봄 두릅으로 만든 새콤한 장아찌를 가져왔다. 죽과 곁들이면 입맛이 조금은 돌아올 거란다. 용서해 씨는 아들과 밥을 먹은 지 오래되었을 영아 씨가 특별히 원하는 밥상이 있는지 묻는다.

"우리 아이가 채소를 안 먹어요. 바쁘다고 맨날 혼자 놔두고, 저녁 늦게 퇴근해서는 집에 와 준비해서 먹이기가 번거로우니

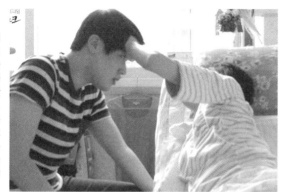
떠날 시간이 얼마 남지 않은 가족들은 모두 여행을 원했다. 사느라 바빠서 즐거운 시간을 함께 많이 보내지 못한 것이 아쉬웠던 것이다. 남은 가족은 떠난 가족을 다른 누구보다 오래 기억한다. 기억 속의 모습이 행복한 모습이라면 더 오래 기억할 것이다.

까 귀갓길에 햄버거 같은 걸 사다가 끼니를 때워 버릇해서 그런가…"

영아 씨의 말에 자책이 묻어난다. 용서해 씨는 말없이 영아 씨의 숟가락에 반찬을 올려준다. 오랜만에 죽 한 그릇을 깨끗이 비워냈다. 용서해 씨는 자신이 채소 안 먹는 아들을 위한 밥상을 차려내볼 테니 걱정 말고, 여행도 가야 하니 몸 관리 잘하라고 말을 건넨다. 영아 씨 얼굴에 희미한 웃음이 번진다. 가족과 함께 여행을 떠날 생각, 밥을 함께 먹을 생각을 하니 기운이 나는 모양이다.

영아 씨가 병실에 있는 동안 가장 반가워한 손님은 아들 명준이와 엄마였다. 하지만 요즘 그들을 반겨야 할 영아 씨는 깊은 잠에 빠져 있기 일쑤였다. 명준이가 가만히 손을 잡으니 영아 씨가 설핏 눈을 뜬다. 며칠 사이에 더 쇠약해진 엄마를 걱정스러운 눈빛으로 바라보는 명준이는 엄마의 전화를 받을 때마다 엄마와의 시간이 점점 줄어들고 있음을 느낀다. 전화기에 엄마가 발신자로 뜰 때마다 이 전화를 받으면 엄마와 헤어질 시간이 더 가까이 다가오는 것 같은 생각에 차마 받지 못했다. 받지 않으면 자신이 받을 때까지 언제까지고 엄마가 계속 전화를 걸 수 있으리라 생각했다.

영아 씨는 가족 여행에 대해 확고했다. 의료진이나 주변 사람들은 모두 만류했지만 영아 씨는 아들에게 꼭 마지막 선물을 주고 싶었다. 자신이 떠나고 난 후에 침대에서 아프다가 떠난 엄마가 아니라 사방이 탁 트인 자연 속에서 함께 활짝 웃던 엄마를 떠올리기를 바랐다.

아무것도 해줄 것이 없는 영아 씨는 아들에게 좋은 추억을 마지막으로 남기는 것, 오직 그 하나만 생각할 뿐이다. 명준이 얼굴을 보던 영아 씨가 생각났다는 듯이 베개 밑에 넣어둔 것을 꺼내 건넨다. 5만원짜리 지폐. "맛있는 거 사 먹어." 아들이 오면 주려고 모아둔 돈이다. 명준이는 얼마 남지 않았을 엄마와의 시간을 헤아리며 엄마가 만들어준 밥을 다시 먹을 수 있을까 생각한다.

여행을 하루 앞둔 날, 호스피스 분위기가 다급해졌다. 명준이와 할머니가 몹시 긴장한 얼굴로 병원을 찾았다. 영아 씨 상태가 급격히 나빠졌다. 음식을 삼키는 것이 힘들어져 급기야 콧줄까지 삽입한 영아 씨는 머리를 쓰다듬는 명준이 손길에 눈을 뜬다. 영아 씨는 아무래도 여행을 가지 못할 것 같다. 얼마 남지 않은 시간을 예감한 명준이는 "잘해주지 못해 미안하다"라고 되뇌고, 영아 씨는 "엄마가 너무 아파서 미안해"라고 말하며 밤을 지냈다.

다음 날, 조금 기운을 차렸지만 엄마도 명준이도 그날이 마지막 날이 될 것임을 이미 잘 알고 있었다. 용서해 씨는 여행에서 차리려고 했던 음식을 병원으로 가져와 상을 차릴 준비를 마쳤다. 영아 씨는 자꾸 시간을 묻는다. 계속해서 시간을 알려달라고 한다. 자신이 보내는 이곳에서의 마지막 시간을 매분 매초 느끼고 싶었을까?

밥상이 다 차려졌다. 명준이 앞에 차려진 음식은 새로 올라온 두릅순으로 만든 초무침. 엄마는 비록 같은 자리에 있지 않지만 엄마의 마음과 소망이 담긴 밥상이라고 생각해선지 명준이가 맛있게 먹는다. 영아 씨의 마지막 작은 소원이 이뤄졌다.

임종실로 옮겨진 영아 씨는 깜빡깜빡 의식을 잃는다. 명준이를 알아봤다 못 알아봤다를 반복했다. 그리고 바람 앞에 등불처럼 깜빡거리다가 문득 스러졌다. 소원대로 명준이의 품에 안겨서였다.

그 후 시간이 흘렀다. 아르바이트로 바쁜 명준이의 가방 한 켠에는 오늘도 엄마의 사진이 들어 있다. 영원히 사라졌지만 곁에 있었다는 것만으로 힘이 되는 존재, 그래서 영원히 마음속에 살아 있는 존재, 그건 바로 가족이다.

식사를 함께하기에 우리는 식구

자현 씨의 마지막 버킷 리스트는 부모님과 따뜻한 한 끼를 나누는 것이었다. 그를 위해 자현 씨는 호스피스 요리사 용서해 씨를 만나기로 했다. 중요한 이야기를 잊을까 걱정되어 녹음기까지 꺼내놓았다. 요리사 두 사람이 만나자 요리 이야기로 웃음꽃이 핀다.

"초롱꽃이라고 먹어도 되는 꽃이 있어요. 거기다가 초밥 같은 거 싸서 먹어도 좋아요. 유부가 기름에 튀겨서 설탕물에 절여놓은 거잖아요? 그런 거 말고 초롱꽃이나 싱아, 되게 새콤한 풀 그런 거랑 밥이랑 같이 먹는 거죠."

산속에서 나는 신기한 식재료에 대한 이야기를 듣는 자현 씨의 얼굴이 무척이나 밝다. 자현 씨의 바람은 직접 요리한 음식을 부모님께 대접하는 것이다. 아빠 엄마랑 함께 사는데도 같이 밥상에 앉아본 적이 없었다. 밥을 먹는다는 게 사람 사는 기본이고, 식구라는 게 결국 같이 밥 먹는 사이라는 건데, 그런 기본적인 것조차 못하고 살았구나, 어느 날 문득 깨달은 것이다. 그래서 셋이서 모두 다 같이 기쁘게 즐겁게 먹을 수 있는 밥상을 만들고 싶다고 생각했다.

"내 인생에 요리는 이제 끝났다, 그렇게 생각했는데… 처음 듣는 산속 식재료 이야기를 들으니까 내일 죽어도 좋으니까 한 번만 딱 한 번만이라도 꼭 가보고 싶고, 거기서 요리하고 싶어요."

들뜬 표정의 자현 씨가 용서해 씨를 끌어안는다. 불가능할 거라 생각했던 계획을 이룰 수 있다는 생각에 가슴이 벅차올랐다. 싱그러운 풀과 나무들이 생명을 하나 가득 뿜어올리는 숲 속을 생각한다. 죽음이라는 미래에 갇혀 돌아보지 못했던 삶의 의미가 마음속에서 새삼 솟아올랐다.

용서해 씨의 강원도 인제 산골 집에 가기로 한 날, 자현 씨네 식탁은 활기가 돈다. 먹는 속도 때문에 따로 먹던 밥상에 아버지도, 어머니도 함께 앉았다. 자현 씨의 긴 외출에 아버지는 내심 걱정이 되는 모양이었다. 세 시간이나 걸린다는데, 길이 막히면 그보다 더 오래 걸릴 텐데. 그동안 자현 씨 컨디션이 제대로 유지될지 괜한 이벤트에 몸 상태가 더 나빠지는 것이나 아닌지 염려스럽다. 하지만 들떠 있는 자현 씨 앞에서는 내색하지 못한다. 산골에 가져갈 쿠키를 굽느라 자현 씨가 오랜만에 솜씨를 발휘했다. 선물답게 리본도 곱게 묶고 셰프복도 챙겼다. 얼마만인지 모르겠다.

가는 동안 혹시 무슨 일이 생길까, 그래서 가족과 함께할 마지막 시간을 망칠까 준비도 단단히 했다. 한여름에도 추위를 몹시 타는 자현 씨는 위아래 내복을 입고 핫팩도 여러 개 챙겼다. 딸의 약을 챙기는 어머니는 가는 길에 통증이나 간성 혼수가 오지나 않을까 걱정스러운 표정이다. 그러면서도 재미있는 시간 보내라는 말을 건네는 어머니와 달리 아버지는 주변을 서성거리기만 할 뿐, 잘 다녀오라는 인사 한마디 건네지 못하고 돌아선다.

3시간을 달려 도착한 용서해 씨의 산골 오두막. 눈앞에 펼쳐진 자연 풍경이 처음 본 것처럼 새삼스럽고 아름답다. 몇 계단 되지 않는 얕은 계단을 딛고 오르는 것도 힘겹다. 하지만 오랫동안 그리워했고 보고 싶어 했던 자연이었다. 깊은 숨을 들이마시는 것만으로 기운이 난다.

소박하지만 정갈한 집 주변을 둘러보며 예쁘다고 연신 감탄하는 자현 씨에게 용서해 씨는 밤에는 불도 때보자며 부추긴다. 다음 날 오실 자현 씨 부모님을 위해 이곳에서 기른 채소와 아카시아꽃 수수빵을 만들기로 한다. 그 밥상을 받고 부모님이 행복해하셨으면 하는 생각에 마음이 따뜻해진다.

다음 날, 다행히 자현 씨의 컨디션이 괜찮아 보인다. 신선한 공기 덕분인지, 오랜만의 외출로 기분이 좋아져서인지, 그렇게 좋아하던 요리를 하게 돼서인지 모를 일이다. 챙겨온 셰프복도 꺼내 입는다. 하얀 셰프복에 검은 앞치마를 두른 자현 씨는 소매를 걷고 조금 전에 따온 아카시아 꽃과 피망을 다듬는다. 최선을 다하고 있지만 오래 아프면서 모든 근육이 제 기능을 하지 못해 정교한 칼놀림이 어렵다. 예전 기억을 더듬어 온몸으로 리조토

가족의 오랜 투병은 다른 가족들에게 마음의 상처를 남긴다. 가족의 일원이 떠난 뒤에도 살아갈 힘을 얻기 위한 배려가 필요하다. 대부분의 삶은 먹고, 일하고, 씻고, 쉬는 일상적이고 반복적인 일들로 채워져 있다. 그 시간을 가장 오래 함께하는 것은 물론 가족이다. 가족을 가족이게 만드는 것은 피를 나누었기 때문이 아니라 서로 미워하고 사랑하고 고마웠던 시간을 나누었기 때문이다. 대다수의 사람들에게 어린 시절은 존재 자체로 소중하게 대해졌던 기억으로 남아 있다. 무조건적인 사랑과 지지의 마음을 잊지 않는다면 가족이 서로 갈등을 빚는 일은 많이 줄어들 것이다.

를 만들고 구운 스테이크를 자른다.

깨끗하게 빨아 반듯하게 다린 식탁보를 덮은 식탁 위에 요리를 늘어놓는다. 서울에서 막 도착한 부모님이 다가온다. 춥지 않게 잘 잤는지, 안부부터 묻는다. 자현 씨의 밝은 표정을 보자 아버지는 그제야 웃는다. 안내된 식탁에 앉자 용서해 씨는 오늘 식탁을 차리느라 자현 씨가 얼마나 애썼는지 설명하고 와인을 따른다. 이렇게 세 사람이 앉아 제대로 된 식사를 해본 지가 언제인지. 셰프복을 입은 자현 씨의 모습에 아버지는 "보기 좋다"라고 한마디 건넨다.

아버지는 이식 수술을 두 번이나 하고서도 요리한다고 나가면 밤늦게까지 집에 오지 않는 딸에게 성화를 댔다. 마치 딸의 병이 요리를 해서 생긴 일이기라도 한 것처럼 원망했다. 그렇게라도 원망하지 않으면 견딜 수 없었다. 마지막을 예감하며 손수 마련한 이 자리에서 자현 씨는 오래 마음에 두었던 이야기를 아버지에게 건네려 한다.

"아버지, 그동안 요리사로서 아빠에게 식사 한번 제대로 차려드린 적이 없네요. 이제 와서 하는 말이지만 전 어려서부터 아빠랑 밥 먹는 게 정말 싫었어요. 식구들이 모두 모이는 시간에 즐겁게 밥을 먹어야 되는데 맨날 잔소리만 하시는 아빠가 밉기도 했어요. 그래서 자꾸 피하다 보니 어쩌다 같이 식사를 하면 어색하기 짝이 없었어요. 그래서 기억할 만한 식사를 한 번이라도 하자는 생각에 이런 자리를 마련했는데, 초대에 응해주셔서 정말 감사해요.

요리를 준비하면서 천천히 아빠의 삶을 상상해보았어요. 생각해보면 그 어려운 시절을 꽤나 치열하게 사셨구나, 우리 가족들을 위해 사셨구나, 우리 가족을 안전하게 지키기 위해 방패 노릇을 하셨구나, 그런 아빠에게 그동안 애쓰셨다고, 정말 잘 살아오셨다고 안아드리고 감사의 인사로 큰절을 올려야겠구나 그런 생각이 들더라고요. 그렇게 생각하니 거짓말같이 그동안의 미운 마음이 눈 녹듯이 사라졌어요. 이제 제가 떠나면 두 분만 살아가실 텐데 서로 좋은 말만 하시고 살아야 되지 않겠어요? 가끔은 엄마가 원하는 일들을 아무 조건없이 하게 해주시기도 하고, 또 엄마도 아빠한테 좀 더 부드럽게 말씀하시고요. 엄마 아빠 눈에는 제가 부족하고 못 미더워 보이겠지만 믿어주세요. '너는 잘해낼 거다. 믿는다. 네가 원하는 대로 따라갈 테니 걱정마라. 넌 자랑스러운 내 딸이니까.' 이렇게 말해주세요."

자현 씨의 편지 낭독이 끝나자 어머니는 딸의 마음이 짠해 운다.

"아이들 입장에서는 다 서운한 것뿐이겠지. (우리는) 말로 표현할 줄을 모르니까. 나처럼 나이 먹은 사람들은 가족을 위해 희생을 하는 게 당연하고, 가족을 바르게 이끌어야 한다는 책임감도 크지. 특히 자식들에 대해서, 그 아이들이 잘못 되길 바라고 길을 열어주는 아비는 하나도 없어."

부모님이 챙겨온 어린 시절 사진들은 모두 자현 씨가 중심이다. 염려하는 마음이 잔소리로, 사랑하는 마음이 꾸짖음으로 그렇게 세월이 흘렀다.

이심전심은 믿지 말기

사람들은 이제 살날이 얼마 남지 않았다고 하면, 삶에 대한 포기와 집착을 오간다. 윤화 씨 역시 마찬가지였다. 이를 지켜보는 영미 씨는 이해하면서도 어떻게 대처해야 하나 싶어 막막하다.

마음 한켠으로는 서럽기도 하다. 앞으로 살아갈 일을 생각하면 차라리 떠나는 사람이 홀가분하지 않을까 싶기도 하다. 남편을 돌보며 아이들도 신경 쓰는 영미 씨에게도 누군가의 위로가 필요하다. 그러다 고통으로 힘들어하며 떠날 날을 기다리는 남편을 보면 자기 살 궁리만 한 것 같아 부끄럽기도 하고 미안해지기도 한다. 서운한 마음이 미안한 마음으로, 미안한 마음이 또 고마운 마음으로 하루에도 열두 번씩 오간다.

오늘은 영미 씨의 친정 식구들이 모였다. 아버지, 어머니가 일찍 돌아가신 윤화 씨는 처가 식구들이 자기 가족처럼 살갑다. 작은 움직임에도 체력 소모가 큰 윤화 씨가 더 이상 말을 할 수 없을 때가 되기 전에 하고 싶은 말을 하고 싶다고 한다.

"병이 나아서 훌훌 털고 일어나면 좋겠지만 솔직히 그럴 가능성은 거의 없으니까 미리 이야기해두고 싶어요. 그동안 정말 행복했었고 또 앞으로 내가 없어도 가족들과 서로 챙기면서 잘 지냈으면 좋겠어요. 나도 가끔씩은 생각해주면 좋겠고. 너무 자주는 말고 아주 가끔씩만. 장모님을 비롯해서 우리 조카들, 사랑했다고 말하고 싶어요."

장모님은 마지막 인사가 될지 모르는 윤화 씨의 이야기에 눈물을 글썽인다. 유빈이는 사춘기를 호되게 앓는 동안 부모님과 갈등도 많았기에 누구보다 미안한 마음이 많다. 마음을 표현하려니 쉽지 않지만 쑥스러움을 참고 아빠에게 뽀뽀를 한다. 후회하지 않기 위해. 민성이는 사랑하고 고맙다는 말을 하다가 끝내 울음을 터뜨린다.

가족사진을 찍은 윤화 씨는 마지막으로 가족들에게 좋은 추억을 선물해주고 싶다. 바쁜 일 때문에, 경제적 여건 때문에, 아이들 사정 때문에 변변한 여행 한번 가보지 못했다. 죽음을 앞두고서야 삶은 추억으로만 남는다는 것을 깨달았다. 항공사와 병원의 도움을 받아 제주도 여행을 떠나기로 했다. 용서해 씨도 제주도에서 가족과의 마지막 식사를 준비하기로 했다.

그날, 지친 엄마를 쉬게 할 겸 유빈이가 병실을 지켰다. 요즘은 어떻게 지내는지 새삼 묻는 아빠에게 유빈이는 조곤조곤 일상을 이야기한다. 요즘은 학교 끝나면 바로 집에 와서 공부하고 지겨워지면 TV도 보고 설거지며 빨래도 한단다. 예전에는 한 번도 이야깃거리라고 생각해본 적 없는 일상을 이야기하며 아픈 아빠의 팔다리를 주무르는 유빈이는 지금 이 순간만큼은 어떤 잡념도 없이 아빠에게 집중한다.

드디어 여행 떠나는 날, 다행히 윤화 씨 상태가 나쁘지 않다. 민성이는 태어나서 처음 타보는 비행기에 한껏 설렌다. 비행기 좌석을 밀고 침대칸을 만들고 링거 지지대 등을 배치해 응급 상황에 대비할 수 있도록 했다. 40여 분간의 비행 시간이 버겁지나 않을까 유빈이는 아빠 몸을 부지런히 주무른다. 혹시라도 안 좋은 일이 생길까 무서운 것이다. 아빠는 아내, 아이들과의 추억을 위해 통증을 참아내고 있다. 다행히 큰일 없이 제주도에 도착한 가족들은 마음에 쏙 드는 숙소에 짐을 푼다.

이 짧은 여행도 무리였는지 윤화 씨는 도착하자마자 잠이 들었다. 그사이 용서해 씨는 아이들과 함께 장을 보러 나왔다. '아빠' 하면 떠오르는 음식인 비빔밥을 준비할 것이라 자기들은 좋아하지도 않는 야채만 장바구니 가득이다. 그래도 자신들 손으로 가족의 식사를 준비한다는 기대로 아이들의 얼굴이 환하다. 숙소에서 한숨 돌린 가족들은 바닷바람을 쐬기 위해 나왔다. 잠깐의 외출에도 이동용 진통제를 맞아야 하는 윤화 씨는 발이 푹푹 빠지는 모래사장에서 힘겹게 걸음을 옮긴다.

모처럼 여행을 온 여느 가족처럼 모래사장에 글씨를 쓰고 그림을 그려 사진에 담는다. 아직 바다에 들어가기엔 이른 계절인데도 민성이는 과감하게 바다에 뛰어들었다. 아빠는 눈과 휴대폰 카메라에 하나하나 놓칠세라 그 모습들을 담는다. 과거에도, 그리고 앞으로도 바다 풍경은 그대로겠지만 지금이 아름다운 건 거기 가족이 있어서이다. 버스에 타고 이동하는 중에 영미 씨는 뒤에 탄 남편 윤화 씨를 걱정스레 돌아본다. 즐거워야 할 여행에 자신이 걱정만 시키고 있다는 생각에 윤화 씨는 더 씩씩한 얼굴을 하며 그만 좀 돌아보라고 타박을 한다.

생전 처음 말을 타본 아이들이 숲속으로 사라지자 아빠는 한쪽에서 지켜본다. 엄마는 아이들을 따라갔다가 얼른 남편 곁으

살아가다 보면 크든 작든 어려움은 닥친다. 그 어려움을 잘 이겨나갈 수 있는 힘은 가까운 사람들에게서 온다. 가족의 일원이 사라져도 남은 가족은 살아가야 한다. 죽음에도 선물이 있다면 남겨진 삶을 사는 사람들은 더 단단해지고 더 많이 사랑하게 된다는 것이다. 평소에 쑥스러워 하지 않았던 이벤트, 사랑을 담은 말, 친밀한 접촉을 사람들은 이별 여행을 통해서 비로소 서로에게 표현했다.

로 온다. 무서워서 말도 못 타고 왔냐는 남편의 장난스런 핀잔에 아내가 즐거워하는 아이들을 찍은 사진을 보여준다. 윤화 씨 얼굴에 희미한 웃음이 지나간다.

제주도에서 할 수 있는 것들을 실컷 하고 돌아온 그날 밤, 윤화 씨는 급격히 체력이 떨어졌다. 링거와 진통제를 맞으며 잠이 든 남편 얼굴을 들여다보자 영미 씨는 꿈같았던 지난 하루 대신 남편이 진짜 떠날 준비를 하고 있다는 생각에 울컥 눈물이 난다. 가족이 누리고 있는 가장 행복한 한때, 어쩌면 마지막이 될 순간들이다.

아이들은 아빠가 잠든 사이에 깜짝 이벤트를 준비한다. 엄마
에게도 비밀이라 용서해 씨와 함께 저녁을 준비하는 엄마에게는
바닷가에서 놀다 왔노라고 시치미를 뚝 뗀다. 용서해 씨는 비빔
밥 준비를 하고, 영미 씨는 남편이 생일에 먹고 싶다고 했던 잡
채를 무친다.

드디어 저녁 시간. 한솥밥 식구라는 말처럼 큰 그릇에 밥과 나
물들을 넣어 비빈 밥을 각자의 그릇에 나눠 덜고 크게 한 숟가락
씩 입에 넣는 가족들은 모두 닮아 있었다.

제주도에서의 마지막 날 아침, 아이들이 방문 앞에서 서성이
며 어제 준비한 이벤트를 보여준다. 사랑의 말을 담은 스케치북,
아빠 볼에 하는 입맞춤, 이별 여행에서야 비로소 아빠에 대한 마
음을 말과 행동으로 표현한다.

우리는 모두 언젠가 헤어진다

여행에서 돌아온 지 얼마 되지 않아 윤화 씨는 세상을 떠났다.
마지막 시간을 충만하게 보냈기에 슬프지만 아프지는 않은 마지
막이었다.

인간은 누구나 태어남과 동시에 죽음으로의 카운트다운을 시작

한다. 가족은 가장 가까이에서 한 사람의 처음부터, 그리고 어쩌면 끝까지를 지켜보는 사람이다. 우리는 아무런 준비도 없이 갑작스럽게 아이를 잃은 부모를 만났고, 죽음을 앞둔 가족과 마지막 시간을 함께한 세 가족을 만났다.

가족의 상실 앞에서 사람들은 모두 상처 입었다. 서로를 사랑했건 미워했건 상관없이. 가족이란 그런 것이다. 영원할 것처럼 굴어도 유한한 관계이며 마지막이 닥치더라도 서로를 위해서 할 수 있는 건 별로 없다. 마지막 순간에 이들이 하고 싶었던 것은 단순했다. 좋은 추억이 될 만한 시간을 함께 보내는 것, 함께 맛있는 음식을 먹는 것, 사랑한다, 고맙다, 미안하다고 이야기하는 것이 전부다. 그리고 떠난 후에 남은 이들이 기억해주는 것뿐이다.

부모와 자식이, 그리고 자녀와 자녀가 서로를 독립된 인격체로 인정한 바탕 위에서 나중에 기억할 좋은 시간을 갖는 것 외에 가족이 달리 할 수 있는 일이 있을까? 병도, 사고도, 어떤 일도 일어나지 않더라도 생은 유한하므로 누구나 가족과의 이별을 경험한다. 어떤 이는 준비 시간을 갖기도 하지만 또 어떤 사람들은 뜻밖의 순간에 맞닥뜨리기도 한다. 지금 이 순간이 바로 그 순간이라면, 당신의 곁에는 지금 누가 있는가? 그와 어떤 시간을 보내고 싶은가?

어쩌면 여기에 대한 대답이 우리들 각자가 추구하고 싶은 가족의 모습일 것이다. 오늘도 꺼지지 않는 도시의 불빛, 보이지 않는 미래를 위해 모두들 열심히 살아가는 동안, 가족과 함께하는 시간과 마음은 늘 뒷전으로 밀어두지 않았는지. 마지막 순간 가족과 꼭 하고 싶었던 것이 있다면, 지금 당장 그것을 하지 않아야 될 이유가 있을까?

3부

혼자도 가족이다

조금만 더 걸으면 집이다. 길은 왜 이리 좁은지, 계단은 또 왜 이렇게 긴지. 잠깐 계단에 주저앉는다. 저녁 바람이 선선하다. 문득 옛날 집 생각이 난다. 오빠는 잘 지낼까? 결혼하고 아이도 낳았을까? 이제 그 집에는 엄마를 괴롭히던 아버지도, 병든 엄마도 없는데 그걸 우리 집이라고 할 수 있을지 모르겠다. 고등학교 때 가출한 후로 한 번도 그립지 않았는데 요즘 들어 자꾸 생각난다. 이제 정말 얼마 남지 않았나 보다. 다들 저녁을 먹으러 들어갔는지 골목은 고즈넉하다. 어느 집에선가 '으앙!' 아이 우는 소리가 희미하게 들린다.

"끙!"

계단에서 몸을 일으켜 세우고 굽은 허리를 한 번 젖혔다. 신음 소리가 나왔다. 허리를 다치고 바로 병원에 갔으면 이렇게까지는 안 되었을까? 버릇처럼 생각해보지만 가만히 고개를 저었다. 소용없었을 것이다. 가출했을 때는 홀가분했다. 너무 가난해서 서로에게 관심조차 없던 가족만 벗어나면 행복해질 것 같았다. 구멍가게 수준의 작은 공장이지만 경리로 취직이 되었을 때는 예쁜 가족을 꿈꾸기도 했다. 공장에 들어설 때마다 마주치는 총각들 눈길에 공연히 얼굴이 붉어져 걸음이 빨라지기도 했다. 좋아했던 가수 심신을 닮은 키가 껑충한 총각에게는 꽤 오랫동안 마음을 품었다.

삐걱, 문을 열고 들어서자 부엌이 보인다. 뭐든 먹어야 할 텐데 기력이 없다. 어서 눕고만 싶다. 겨우 걸음을 옮겨 안방 TV 앞에 눕는다. 손으로 주변을 되는대로 휘젓다 개다 만 빨래 속에서 리모컨을 찾았다. TV 소리라도 나야 견딜 만하다. 내 삶과 아무 상관없는 배우와 코미디언들이 찧고 까불다가 깔깔 웃음을 터뜨린다. 그 웃음소리에 입가에 희미한 미소가 떠오른다. 문득 생각한다. 내가 태어났을 때 엄마와 아빠도 기뻐했겠지. 그렇게 시작한 삶인데, 이렇게 매일을 걱정하며 산다는 게 어떤 의미가 있을까? 졸리다. 요즘 들어 자꾸 졸리다. 생각은 이어지지 못한 채 까무룩 잠이 들었다. 이 잠 속에서 고통이 좀 덜어지기를.

죽은 지 열흘 만에 집 주인에게 발견된 오명희(가명) 씨. 향년 40세, 죽기엔 이른 나이였다. 무연고 사망자 공고를 냈지만 아무도 그녀의 시신을 수습하지 않았다. 아무도 알아채지 못하고 누구도 지켜주지 않은 죽음, 고독사. 1인 세대의 증가, 노령화 사회로의 진입 등 가족 형태의 변화 속에서 고독사가 사회 문제로 떠오르기 시작했다. 고령화 사회, 가족 없는 사회, 이웃 없는 사회라는 디스토피아가 펼쳐지기 시작한 걸까? 모든 사람에게는 적어도 그 사람을 낳아준 부모가 있을 텐데, 그리고 친인척, 하다 못해 이웃이라도 있을 텐데 사람들은 어쩌다 고독사에 이르게 되는 걸까? 〈가족 쇼크〉 제작진은 사람들이 어떤 과정을 거쳐 고독사에 이르는지, 과연 가족이 아닌 타인과의 교감, 서로 돌봄은 불가능한지 알아보기로 했다.

01 *FAMILY SHOCK*
청춘, 고독사를 말하다

세월호 참사로 아이를 잃은 부모나 병에 걸려 애틋한 마지막 시
간을 나누는 가족들처럼 서로의 가슴에 새겨져 오래도록 지워지
지 않는 죽음이 있다면, 여기 또 다른 죽음이 있다. 아무도 알아
채지 못하고, 세상으로부터 잊혀진 채 모두에게 외면당한 죽음,
고독사다. 가족과 친구, 동료라는 사회적 관계의 울타리 안에서
살아가는 보통 사람들은 고독사를 특별히 불행한 사람들에게 닥
치는 예외적인 사건이라고 생각한다. 하지만 가파르게 증가하는
1인 가구 숫자를 생각하면, 과연 그것이 나와 언제까지나 무관한
사건일 수 있을까.

　그들이 정말 우리와는 다른 특별히 불행한 사람들인지, 대체
어떤 사연으로 가족이나 친족, 친구 하나 없이 아무도 모르게 세
상을 떠나게 된 건지 알아보기로 했다. 2014년 6월, EBS 교육방
송은 전국 대학생들을 대상으로 고독사 취재팀을 선발했다. 아
직은 부모의 따뜻한 보살핌이 있고, 친구들에 둘러싸여 삶의 빛

유가족이 없는 무연고 사망자는 물론, 가족과 친척이 있음에도 임종 당시 누구의 도움도 받지 못하고 시신이 방치된 채 발견되는 고독사는 점점 더 늘고, 연령대도 점점 낮아지고 있다. 이들의 사연을 대학생 취재단이 추적했다.

나는 순간을 만끽하고 있는 이들이 만난 고독사는 어떤 모습일까? 23개 대학 67명의 대학생들에게 206명의 무연고 사망자 공고문이 전달됐다. 이들에게는 사망자들의 삶을 복원하는 임무가 주어졌다.

무연고 사망자 공고문. 신원 미상이거나 가족이나 친척이 있음에도 시신을 찾아가지 않은 사망자들은 이 공고문을 통해 세상과 마지막 인사를 나눈다. 구청이나 시청에서 인터넷 등을 통해 한 달간 공고하지만 사체를 인수해가는 경우는 드물다. 이런 무연고 사망자는 서울에서만 한 해에 평균 280여 명이 발생한다. 나중에 가족이나 친척이 사체를 인수해 무연고 사망자로 기록되지 않았지만 홀로 죽은 사람은 더 많을 것으로 추산된다. 게다가 이 숫자는 서울에서만 2010년 273명에서 2011년 301명, 2012년

282명으로 꾸준히 증가하고 있다. 공고문에 적힌 것은 사망자의 성별과 주민등록번호, 등록기준지 주소와 사망 장소뿐이다. 한 사람의 생애가 A4용지 한 페이지도 채우지 못한다는 사실에 청년들 입에서는 얕은 한숨이 새어나왔다.

누구에게나 일어날 수 있는 일

어떤 이가 숨진 지 몇 개월 만에 시신으로 발견되었다는 뉴스가 요 몇 년 심심치 않게 전해진다. 처음 이런 보도를 접했을 때 사람들의 충격은 대단했지만 지금은 그렇게까지 놀랍지는 않다. 매년 고독사하는 사람들의 숫자가 늘고 있지만 아직까지 제대로 된 통계조차 나와 있지 않다. 대부분 사회와 인연을 끊고 사는 사람들인 데다 시신이 발견된 후에 누구든 시신을 거두기만 하면 무연고사로 남지 않기 때문에 정확한 실태 파악도 어렵다.

고독사는 대개 혼자 죽음을 맞은 후 시신이 방치된 경우를 뜻하지만 여기에는 이미 죽기 전부터 오랫동안 가족이나 사회와 연결이 끊어진 상태까지 포함해야 한다. 간혹 방송이나 신문 등에서 특별 취재 기사를 쓰는 경우가 있긴 하지만 범정부 차원의 통계 조사에는 아직도 현실적인 어려움이 많다. '변사'라고 해도 특별히 범죄 혐의점이 없는 경우는 기록을 오래 보관하지 않기 때문에 연도별 추이도 정확하게 알기 어렵다. 보도 건수 등을 통해 막연히 점점 늘어가고 있다는 정도만 확인할 수 있을 뿐이다.

아주 특별히 기구한 사연을 가진 사람들만 맞는 운명 정도로 생각해온 고독사. 하지만 대학생 취재단이 사람들의 삶을 추적하자 이는 어느 누구에게나 닥칠 수 있는 현실 문제임을 알 수 있었다. 1인 가족의 급속한 증가세나 이혼, 비혼의 증가 등 가족 붕괴의 징후들과 불안정한 경제 상황, 취약한 사회 안전망 같은 사회적 여건이 합세하면서 고독사는 더 이상 나와 무관한 일이 아니었다.

노숙자로 죽은 그 노인은 교사였다

취재는 쉽지 않았다. 대부분 쪽방 생활을 했거나 거처 없이 전전했던 이들은 죽은 지 며칠이 지난 후 발견되었다. 한 달 이상 아무도 알아채지 못하다가 썩은 냄새로 세상에 자신의 죽음을 알리기도 했다. 세입자 이상의 관계는 전혀 없던 집주인들에게 그들의 죽음은 '불쾌함'이나 '재수 없음'일 뿐이다. 취재가 달가울 리 없었다. 사체 인수조차 거부 당한 무연고 사망자가 남긴 유품은 버릴 수도, 안고 있을 수도 없는 처치 곤란의 쓰레기 더미였다. 남의 영업집에 와서 무슨 짓이냐며 문전 박대를 당한 날은 이상하게 하루 종일 거절의 연속이었다. 어느 정도 각오한 일이었지만 막상 당하고 보니 더 막막하고 당혹스러웠다.

첫 번째 팀이 찾아 나선 무연고 사망자는 이인수 씨(가명). 64세 남자로 부산의료원에서 무연사했다. 거처가 일정하지 않은 노숙자였으므로 그에 관한 정보를 찾는 건 서울에서 김서방 찾기 같았다. 아무 소득 없이 2주가 지났을 때, 부산 지역 노숙인들의 생활과 자활을 돕는 단체인 부산 희망등대종합지원센터를 찾았다. 공고문에 적힌 주민등록번호를 입력하자 그의 사진과 정보가 뜬다. 초췌한 얼굴이다.

그와 관련된 또 다른 기록에서 다른 사진이 나왔다. 2007년 발행된 주민등록증 복사본. 거기에 담긴 사진은 깔끔하게 양복을 차려 입은 신사였다. 같은 사람이라고는 절대 생각할 수 없을 만큼 다른 모습이었다. 노숙자로 살다 죽은 60대 노인의 모습이 아니었다. 몇 년 사이 그에게 도대체 무슨 일이 일어난 것일까? 이 작은 실마리를 잡고 그의 삶을 추적해보기로 했다.

종합지원센터의 직원은 그를 기억하고 있었다. 일에 대한 욕심이 많아서 고령이라 할 수 있는 일이 한정적이었음에도 구직 활동에 적극적이었단다. 하지만 거기까지였다. 그의 삶을 더 알아보기 위해서는 별수 없이 길거리로 나서야 했다. 고인이 매일 점심을 해결했다는 노숙자 급식 센터 이곳저곳에 사진을 붙이고 그를 알 만한 이들을 찾았다. 노숙인들이 모여 낮 시간을 보낸다는 부산 용두산공원도 찾았다. 사진을 본 사람 몇몇이 알은체를 했지만 거기까지였다. 이름도, 가족 관계도 모른단다. 하긴 태어

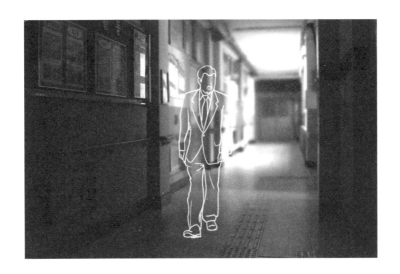

나면서부터 노숙자였던 사람이 어디 있겠는가. 상처와 실패로 얼룩진 과거에 대해 누구에게도 말하고 싶지 않았으리라. 돌아 가셨다고 소식을 전해주니 그제야 그러고 보니 요즘은 통 못 본 것 같다고 한다.

그러다 한 가지 단서를 찾았다. 이인수 씨가 사망한 곳은 부산, 그러나 2007년 발행된 주민등록증의 주소지는 울진이었다. 수소문한 결과, 이인수 씨를 안다는 사람을 찾았다. 울진의 한 초등학교에서 교편을 잡고 계신 김명화, 엄지숙 선생님이었다. 같은 학교에 근무하신 적이 있다는 두 분은 2009년도 초등학교 졸업 앨범을 꺼내 보여주었다. 거기에 이인수 씨의 모습이 있었 다. 말끔하게 차려입은 영락없는 선생님 모습이었다.

점잖은 양복에 과감하게 붉은색 와이셔츠를 맞춰 입은 것을 보니 패션 감각이 남다르다. 아니나 다를까, 멋쟁이셨다고 한다. 학교 행사가 있을 때면 옷을 따로 사러갈 정도였고, 남들이 잘 입지 않는 빨강 파랑 원색의 알록달록한 바지도 거리낌 없이 입으셨단다. 이인수 선생님을 추억하는 두 선생님의 얼굴엔 웃음꽃이 피었다. 2011년까지 교직에 계시다 정년 퇴임하셨다는데, 돌아가시기까지 불과 3년 사이에 무슨 일이 있었던 걸까? 죽음을 지켰어야 할 가족들은 모두 어디로 갔을까?

동생의 이름으로 살아간 사람

무연고사한 사람들은 대부분 발견이 늦다. 냄새로 그들의 죽음을 알리는 경우도 비일비재하다. 김병철(가명, 55세) 씨의 죽음을 지킨 것은 켜져 있던 TV였다. 이웃은 그의 방에서 끊이지 않고 들려오는 TV 소리를 기억하고 있었다. "그러다가 냄새가, 조금 고약한 냄새가 한 번씩 나는 거라. 사람이 죽어서 썩는 냄새라고는 생각지도 못했지." 그의 죽음은 '그가 죽었다더라, 그 현장이 참혹했다더라, 백골이 돼서 구더기까지 생겨 있다더라' 등등의 애도가 아닌 소문으로 골목을 따라 퍼져나갔다. 사망한 지 5~6개월이나 지난 후였다.

그를 아는 사람을 찾는 일도 쉽지 않았다. 조심스레 집주인을 찾아갔다. 문전 박대를 각오한 방문이었지만 다행히 집주인은 흔쾌히 시간을 내주었다. 김병철 씨가 세들어 살기 시작한 것은 12년 전, 10년 넘게 앞집에 살았다고 한다. 그가 죽은 후 있던 살림, 옷 하나도 처분하지 않고 그대로 두었다고 했다. 문을 열자마자 오래 돌보지 않은 집에서 나는 퀴퀴한 냄새가 훅 끼쳐왔다. 그가 은둔하듯 살았던 이 장소의 냄새이자 아마도 고인의 냄새였을 것이다. 집주인 할아버지는 "어차피 사람도 안 들어올 거고. 그냥 내버려 두고 있"다고 말했다.

비닐봉지와 도마 등이 무질서하게 매달린 주방 벽, 싱크대의 문짝은 짝이 맞지 않아 한쪽으로 기울어 있었다. 개수대 위, 싱크대 위 할 것 없이 그릇들로 어수선한 부엌에는 훈기가 없다. 방 안도 마찬가지였다. 모양과 색깔이 제각각인 서랍장과 옷장에 그득한 고인의 옷들, 방바닥에 이리저리 흩어져 있는 옷들 사이사이에 빈 술병이 흩어져 있었다. 족히 열 병은 넘어 보였다.

끼니도 거른 채 거의 술에 의지해서 살았다고 한다. 주인 할아버지는 그가 이곳에 살았던 12년 동안 외부에서 찾아온 사람이 한 명도 없었다고 전한다. 그에겐 피붙이 하나 없었던 걸까? 방에 남겨진 유류품을 뒤적였다. 고인의 이름이 적힌 처방전과 약봉지, 공과금 고지서들이 무질서하게 놓여 있었다. 그 가운데 이상한 편지가 발견되었다. 받는 사람이 아닌 보내는 사람 자리에 고인의 이름이 적힌 편지였다.

인천으로 되어 있는 주소지를 수소문했다. 돌아가신 분의 동생이라고 했다. 현재 사는 곳은 수원. 바로 만나기로 했다. 기차를 타고 가면서 동생 분이 김병철 씨를 떠올리는 것이 고통스러운 기억이 아니기를 바라는 마음이 간절해졌다. 친동생은 수원에 사는데, 그는 어쩌다 저 멀리 부산까지 흘러가 그곳에서 생을 마감하게 된 걸까? 보내는 사람 위치에 고인의 이름의 적혀 있던 미스터리는 곧 풀렸다. 그는 동생의 신분으로 살아가고 있었던 것이다.

그는 우리나라에 60만 명에 달한다는 주민등록 말소자였다. 거주지 불명, 혹은 거주지 신고 불이행 때문에 주민등록이 말소된 사람은 취업이나 상거래 활동, 혼인 신고, 자녀 양육 등을 할 수 없다. 주민등록이 없으니 아무리 형편이 어려워도 국가가 제공하는 기본적인 복지 혜택을 받을 수 없다. 오랫동안 말소되어 있던 주민등록을 다시 복원하려면 10만 원 이상의 벌금을 내야 하지만 빈곤층에게는 그조차 적은 돈이 아니다.

그래서 복원을 포기한 사람들은 대개 노숙을 하거나 월세나 일세로 쪽방에서 지낸다. 2007년 국가인권위원회의 조사에 따르면 주민등록 말소의 이유로는 채무(37.5퍼센트)가 압도적이었는데, 이 가운데는 가족과의 단절도 20퍼센트 가까이 되는 수치를 보였다. 주민등록 말소가 가족 관계의 단절의 원인이면서 동시에 결과가 되는 양상을 확인할 수 있었다.

하지만 생계를 유지하려면 막노동이라도 해야 하고, 무슨 일이라도 하려면 주민등록이 필요하다. 그는 복원 대신 3살 아래 동생의 신분을 빌렸다. 일종의 신분 위조인데, 아무리 형이지만 망설임은 없었느냐고 물었더니 없었다는 대답이 돌아왔다. 어렸을 때부터 따르던 형님이 곤경에 빠졌다는 소식에 자기 이름으로 만든 통장, 현금 카드와 복사한 주민등록증을 보냈다고 한다. 이렇게 애틋한 형제가 있는데, 어쩌다 고독사에까지 이르게 되었을까?

그녀에게도 우리와 똑같은 청춘이 있었다

고독사한 사람들은 분명 여기에 우리와 함께 살고 있었지만 만져지지도, 보이지도 않는 그림자 같은 삶을 산다. 부산 관내에서 만난 오명희(가명, 40세) 씨의 경우도 그랬다. 오명희 씨의 죽음을 발견한 것은 형편이 어렵거나 혼자 사는 사람들의 집을 이따금 방문해 안부를 챙기던 동네 교회 목사님이었다. 사망한 지 15일이 넘어 이미 사체가 부패하고 있었지만 정신이 온전치 못한 동거남은 평범하게 일상생활을 하고 있었다고 한다.

처음 그 집을 찾았을 때, 이웃들의 말에 따르면 두 사람은 이웃과 거의 교류를 하지 않고, 집에 들어가면 잘 나오지 않았다고 했다. 그곳에서 살기 시작한 지는 2년여, 오명희 씨는 처음 왔을 때 그렇지 않았는데 점점 허리가 구부러져 나중에는 할머니처럼 기역 자로 구부러진 채 돌아다녔다고 한다. 같이 살던 남자는 더

러 아침에 일하러 나가기도 했는데, 술을 많이 마셨다고 한다.

오명희 씨가 살았던 집을 다시 찾았다. 혹시라도 그의 삶을 증언해줄 전화번호나 주소를 찾을 수 있을지도 몰랐다. 며칠 전보다 정리되어 있었다. 빨래 더미들이 없어졌고, 고지서, 노트 등이 한쪽에 가지런히 있었다. 노트를 넘겨보았다. 가계부 같았다. 쌀, 물 몇 개의 가격이 적혀 있고, '왕창 벌고 적게 쓰자'는 다짐, 식혜 만드는 법 같은 레시피도 적혀 있었다. 앞 장을 넘겨보니 기록한 날짜는 2009년, 사망한 해가 2013년이니까 4년 전이다.

달력은 2013년 4월에 멈춰 있었다. 시신을 발견한 것이 5월 5일이었으니 4월에 죽었을 테다. 노트에는 필담을 나눈 듯한 흔적이 남아 있고, 유서처럼 보이는 구절도 있었다. 강아지 두 마리를 돌봐달라는 이야기, 자신의 삶에 대해 후회하는 말도 적혀 있었다. 늘 죽음을 예감하는 삶이었음에도 깔끔하게 분리수거가 되어 있는 재활용 쓰레기, 습기가 차지 않도록 신문을 구겨서 넣어 놓은 신발들은 그녀가 얼마나 야무진 살림꾼이었는지 보여주었다. 오명희 씨를 아는 사람의 연락처라도 찾을 수 있을까 뒤적거리다 발견한 앨범 몇 권에는 전혀 뜻밖의 모습이 담겨 있었다.

짧은 커트 머리의 앳된 얼굴, 오명희 씨의 스무 살 무렵이었다. 묵직한 앨범 속에는 사진이 많았다. 디지털카메라가 없던 시절이었으니 자기 삶을 얼마나 사랑했던 사람인지 그것만으로도 충분히 알 수 있었다. 유원지에서 찍었는지 보트 위에서 장난스럽게 찍은 사진은 생기발랄했다. 고독사한 사람들의 삶이라고는 믿기 어려웠다. 사진 속 싱그러운 아가씨의 모습에서는 도저히 나이 마흔에 허리가 굽고 병색이 완연했던 여인을 상상할 수 없었다. 잡지에서 정성껏 오려낸 듯한 남자 연예인 사진도 있었다. 우리와 조금도 다르지 않았다.

그녀의 휴대폰을 찾았다. 저장된 연락처가 있을까 싶어 켜봤지만 전화번호가 거의 없었다. 070으로 시작하는 인터넷 전화번호가 하나 있었다. 하나뿐이라던 오빠의 전화번호일까? 대신 휴대폰에는 강아지 사진들이 가득 들어 있었다. 강아지 이름에 자기 성을 따서 붙인 걸 보니 어쩌면 말년의 오명희 씨에게 가족은 그 강아지들뿐이었는지도 모른다.

고향에서 홀로 산다는 것

취재팀이 만난 이준형 씨는 불과 31살이었다. 대학생 취재팀과는 불과 네댓 살 차이라 더욱 마음이 쓰이던 청년이었다. 집 앞에서 쓰러진 채 발견되어 병원으로 이송되었으나 결국 사망하였다. 그의 곁을 지킨 이는 아무도 없었다. 이준형 씨가 나고 자란 초록대문집에서는 어떤 인기척도 느껴지지 않았다.

한 동네에서 나고 자랐으니 아는 이웃이 많을 것이라는 생각이 들었다. 가장 가까운 구멍가게에 들렀다. 주인 아주머니는 어렸을 때부터 봐와서 잘 안다고 했다. 담배나 술, 라면 등 생필품을 주로 사갔는데 돈이 좀 있을 때는 큰 마트로 갔지만 돈이 떨어졌을 때는 그곳에 들러 외상을 하곤 했다고 한다.

오랫동안 산 동네였지만 의외로 그의 모습을 또렷하게 기억하는 사람은 적었다. 앞뒷집에 살며 어렸을 때부터 자라는 걸 봐왔다는 이웃의 말에 따르면 외할머니와 엄마, 그리고 준형 씨가 함께 살았는데, 외할머니가 돌아가시고 난 후 준형 씨가 아픈 엄마를 돌봤다고 한다. 두 사람 모두 왜소증이었고, 그래서 준형 씨는 사회생활하기가 쉽지 않았다고 했다. 주유소에서 몇 달 일했지만 무인 주유소로 바뀌면서 더 다니지 못하게 되었다. 그 후 동네에서 술에 취해 돌아다니는 모습이 자주 보였다.

동네 사람들은 준형 씨의 죽음에 크든 작든 책임을 느끼고 있는 듯했다. 그렇게 오래 함께한 이웃으로서 그의 죽음을 방관했다는 그런 죄책감. 집 근처 미용실 주인 아주머니 역시 비슷한 이야기를 했다. 사회에서 사라져버린 사람에 대해 기억해주려고 하는 것은 좋지만 기억해서 또 뭐하나, 좋은 이야기도 아닌데, 싶은 생각이 든다고 했다. 가까이에 살면서 아무 도움이 주지 못했다는 것이 오래 마음에 걸릴 것 같다고도 했다.

그가 병원으로 실려갈 때 현장에 있었던 분은 함께 교회에 다니던 분이었다. 혹시 교회에는 더 친밀하게 아는 사람이 있을까 싶어 교회를 찾았다. 아들이 준형 씨와 같은 중학교를 다녔다는 아주머니 한 분을 만났다. 대화를 나눴지만 그 외에 개인적인 인연은 없었다. 마침 국수를 끓였으니 먹고 가라고 팔을 끄는 이웃들을 보며 준형 씨도 교회에 다니는 동안 이렇게 국수도 먹고 커피도 마셨겠지 싶어 쓸쓸해졌다.

아무도 모르게 혼자 죽지 않기 위해

무연고 사망자들에게도 물론 가족이 있다. 무연고 사망자 가운데 연고자가 있는 사람들은 전체 사망자 가운데 63.8퍼센트. 사망한 후에 연락을 취할 수 있는 연고자의 법률적 범위가 꽤 넓어서 웬만해서는 연고자가 없기가 더 어렵다. 배우자, 자녀 같은 직계 가족뿐만 아니라 형제, 사돈에 팔촌까지 모든 가족과

친척이 연고자가 된다. 하지만 죽음 이후 연락이 된 연고자 대부분은 사체 인수를 포기한다. 연락 한 번 없다가 수십 년 만에 죽음으로 나타난 먼 친척의 사체를 기꺼이 인수해줄 사람이 몇이나 될까?

직계 가족의 경우라도 사정은 비슷하다. 20년 전 집을 나가 소식이 끊어진 형제, 서로 상처만 주다가 헤어진 후 긴 세월이 지난 부모, 느닷없이 죽음으로 뒤늦게 소식을 알려온 가족 앞에서 그들이 겪었을 갈등과 망설임을 충분히 알 것 같았다. 게다가 인수를 포기한 사람들 대부분은 장례를 치를 비용을 추렴하기도 쉽지 않을 만큼 가난하다.

무연고사를 한 사람들의 패턴은 비슷하다. 이들은 대부분 집을 나가 오래 전에 관계가 끊어진 채 서로의 소식을 알지 못했다. 가족은 우리가 생각하는 것보다 훨씬 불안정한 관계다. 함께 보낸 세월이 길어 서로에 대한 반복적인 상처도 깊다. 가족 간의 문제를 겪는 사람들은 대인 관계에도 어느 정도 영향을 받아 대부분 이웃 간에도 거의 왕래가 없었다. 이렇게 주변과의 관계가 끊어진 사람들은 건강에 문제가 생기거나 술에 의존하면서 경제 활동이 불안정해지고 삶이 피폐해진다.

김병철 씨나 오명희 씨의 삶을 복원한 것은 그나마 운이 좋은 경우였다. 대부분의 무연고 사망자들의 삶의 흔적을 찾는 것은 쉽지 않았다. 노숙인은 말할 것도 없고 거처가 있는 사람들조차 이웃들은 그들의 대한 기억이 없거나 희미했다. 그들은 죽기 전부터 세상에서 이미 지워진 사람이었다. 더러 그들과 왕래가 있었던 집주인이나 이웃은 그들에 대해 이야기하지 않으려 했다.

취재팀의 거듭된 취재 요청에 무연고 사망자의 모습에서 자신의 미래를 본다고 털어놓은 사람들도 있었다. 무연고 사망자들이 사는 곳은 이 사회의 그늘 중에서도 그늘, 가장 가난한 동네였다. 이웃들 중에는 죽은 이들과 처지가 다르지 않은 이들도 많았다. 그들은 사체를 포기하겠다는 가족들의 이야기를 전해 들을 때마다 자신도 결국 저렇게 죽게 되는 것은 아닐까, 그런 두려움에 사로잡혔다.

고독사의 첫 번째 키워드, 배우자의 상실

부산에서 홀로 돌아가신 이인수 선생님은 번듯하고 안정적인 직업을 가진 사람이었다. 사망 연령도 비교적 젊은 편이었다. 그런데 어쩌다가 길에서 고독사하게 되었을까? 동료였던 선생님들께 사연을 여쭤보았다. 홀로 돌아가셨다는 소식을 듣게 된 선생님들은 착잡한 표정으로 잠시 말이 없었다. 첫 번째 결혼은 실패한 걸로 안다고 했다. 아들 둘을 두었다고 했는데, 별로 이야기를 들은 적이 없는 걸 보면 왕래가 없었던 것 같단다. 이인수 선생님의 유일한 가족은 재혼한 아내였지만 그 사이에는 자녀가 없었고, 그분마저 이인수 선생님이 돌아가시기 얼마 전 오랜 암 투병 끝에 돌아가셨단다.

아내의 투병 과정 중에도 남자 체면에 궁한 소리를 하겠느냐며 힘든 내색을 거의 하지 않았는데, 한 번은 집에서 혼자 불 꺼놓고 누우면 이대로 다시 눈을 안 떴으면 좋겠다고 생각할 때가 많다고 말했다고 한다. 그렇게 하나뿐인 가족이었던 아내가 죽고 2011년 퇴직한 후 소식이 끊겼다. 바람결에 들려온 소문에 따르면 일시불로 받았던 퇴직금을 사업 자금으로 투자했다가 다날렸다고 했다.

2007년 아내의 죽음, 2011년 정년 퇴임, 2013년 노숙인으로 사망, 향년 64세. 이인수 씨의 직장 동료였던 두 선생님은 퍼주기 좋아하고 경제관념이 없던 고인의 성정을 안타까워했지만 말년 삶의 짧은 간격으로 드리워진 처지의 수직 낙하는 경제보다는 관계의 빈곤과 더 밀접하게 보였다. 아내를 빼고 지속적으로 관계를 맺었던 사람이 없었던 그는 아내의 사망 후 다른 사람과의 관계도 끊어졌다.

〈국제신문〉이 2013년 1월부터 10월까지 부산 관내 고독사 현황을 파헤친 기사에 따르면 고독사를 중심으로 연관 키워드를 추출한 결과 '이혼'이 가장 높은 수치를 기록했다(2013년 11월 26일 자 기사). 이어진 단어들도 사별, 미혼 등이었다. 즉 혼인 관계가 없거나 끝난 남성들이 압도적인 수치를 기록했다. 홀로 사는 60대 이상 노인들이 고독사 위험군일 거라는 일반적인 예상과 달리 40~50대 남성의 고독사 비율이 50퍼센트 이상이라는 것도 시사하는 바가 크다.

경제적 빈곤이 곧 집안에서의 고립으로

경제적 빈곤은 고독사의 가장 중요한 배경이 된다. 대부분의 고독사가 같은 지역 내에서도 상대적으로 빈곤한 지역에서 발생하는 것만 봐도 알 수 있다. 동생의 신분으로 살아가던 김병철 씨의 죽음 역시 오랜 빈곤과 연관되어 있다. 영월에서 태어난 고인은 어릴 때는 유복한 집에서 풍요롭게 자랐다고 한다. 하지만 아버지가 다니던 광산 회사를 그만두고 속초로 이사하면서부터 집안이 기울기 시작했다. 나중엔 집에 먹을 거라고는 물밖에 없을 정도가 되자 학교를 그만두어야 했다. 고인은 고등학교 때부터 비뚤어지기 시작해서 크고 작은 말썽을 부렸는데, 그래도 겨우 졸업은 했다고 한다.

김병철 씨는 1970년대 건축 현장에서 철근 기술자로 경력을 쌓다가 중동 건설 붐 때는 이라크에 가서 집안의 기둥 노릇을 톡톡히 했다. 그러나 이라크에서 돌아온 직후, 모아둔 돈으로 가족에게 집을 지어주고는 '나 간다' 한마디만 남기고 집을 나갔다고 한다. 허탈해서 그랬는지, 허무해서 그랬는지 동생은 알지 못했다. 동생은 그저 형을 '김삿갓 같은 사람'이라고만 했다. 사람 좋고 화끈해서 돈 벌면 사람들에게 인심 쓰기 바빴다고 했다.

가정을 꾸렸지만 아내의 병사로 혼자 된 후 김병철 씨는 별다른 경제 활동을 하지 않은 채 만취해서 동생에게 전화하는 횟수가 잦아졌다고 한다. 큰집이 있는 동네에서는 아버지 산소 근처에서 며칠 동안 술만 몇십 병을 마시고 갔다는 소식도 들렸다. 술에 취해 전화를 하면 '10만 원만, 5만 원만 보내다오'라고 했고, 동네 가게에서 더 이상 술과 라면 외상을 안 준다는 이야기도 했다. 더구나 그는 주민등록이 이미 말소된 상태였기 때문에 기초 생계 지원도 받지 못했다.

고독사는 고시원이나 저렴한 월세 원룸에서 가장 많이 발견되었다. 집 없이 노숙자로 떠돌던 사람들이나 여관 등에 장기 투숙한 사람들도 많았다. 경제 활동을 전혀 할 수 없으니 집안에 고립되는 경우가 많았다. 자식이 있다는 이유로, 혹은 주민등록 말소 등으로 생계조차 지원받지 못하거나 터무니없는 수입으로 살아가는 사람들이 대부분이었다. 대학생들이 추적한 사람들도 실직한 후 지병, 노령 등으로 더 이상 경제 활동을 할 수 없게 된 사람들이 대다수였다.

지병과 이웃으로부터의 단절이 가져온 것

비교적 젊은 나이에 고독사한 이준형 씨는 태어난 후 한 동네에서 쭉 살았지만 가정불화와 신체장애는 그를 이웃으로부터 고립시켰다. 이웃들의 말에 따르면, 준형 씨의 부모님은 자주 술을 마셨고 많이 싸웠다고 한다.

왜소증이었던 준형 씨는 내성적이고 수줍음이 많았다. 준형 씨는 중학교 때부터 조금씩 비뚤어졌고, 학교에도 불성실해졌다. 결국 부모가 이혼하고 아버지가 집을 나간 후에도 아픈 엄마는 계속 술을 마시며 집에 칩거했다. 둘뿐인 가족 중 어머니가 죽은 후부터 술에 취해 골목을 걷는 준형 씨 모습이 자주 목격되었다. 어머니가 돌아가신 후 불과 1년, 그도 갑작스럽게 세상을 떠났다.

30년 넘게 살아온 동네에서도 그는 150센티 정도였다는 그의 키만큼이나 작고 희미한 존재였다. 고독사한 사람들의 경우 신체장애와 지병은 이웃으로부터 고립시키는 역할을 했다. 그나마

30년 넘게 살아온 동네였기에 그가 죽었을 때 이웃들은 앞장서서 부조하고 구청에서 무연사 처리하는 것을 도왔다. 하지만 오명희 씨처럼 타지에서 흘러들어온 사람은 오랫동안 지병을 앓으면서도 이웃과 거의 왕래가 없었다.

준형 씨에게 학교 친구라도 있지 않았을까 해서 취재팀은 집요하게 추적해보았다. 동네 슈퍼와 부동산 등을 몇 번이나 찾은 끝에 그의 마지막을 거두었던 교회에서 그와 친하게 지냈던 청년의 이야기를 전해 들을 수 있었다. 준형 씨를 잘 챙기던 그 친구 주도로 친구들이 모이곤 했다고 한다. 그의 이름은 한우리, 준형 씨와 중·고등학교를 함께 다녔고 지금은 서울에서 직장을 다닌다고 했다. 먼저 전화로 준형 씨 소식을 전하고 한번 만나고 싶다는 의사를 전했다.

친구가 죽었다는 소식, 누군가 그의 시신을 거두지 않으면 영락공원에 다른 무연고 사망자와 함께 가매장되었다가 10년 후에 화장될 것이라는 소식에 한우리 씨는 자책에 빠졌다. 꼭 만나서 함께 준형 씨의 삶을 기억해주고 싶었던 취재팀은 그 뒤에 여러 번 전화를 했지만 그는 전화를 받지 않았다. 전화로 이야기한 것이 너무 경솔한 것은 아니었나, 취재의 의도가 잘못 전달된 것은 아닌가 고민하고 있을 즈음 우리 씨와 다시 연락이 닿았다. 그동안 생각이 많았다고 한다. 죄책감을 느끼라고 한 연락이 아니었는데도 우리 씨는 너무 미안하다며 숨죽여 흐느꼈다. 어떤 위로의 말도 건넬 수 없었다.

한 명의 친구로는 고독사를 막을 수 없다

우리 씨가 준형 씨를 만난 건 초등학교 3, 4학년 때 교회에서였다. 준형 씨가 눈에 띄는 외모 때문에 소극적이고 내성적인 것을 알고 일부러 더 가까이 지냈다. 별다른 건 없었다. 사람들이 모여 있는데 외따로 떨어져 있으면 가서 알은체하고 이것저것 물어봐주고 함께 행동하는 것 정도였다. 자신이 그렇게 하자 다들 두 사람을 같은 반으로 묶어주었다. 처음 만났을 때는 제법 까불까불 장난도 잘 치는 아이였다고 한다. 한번은 교회 소풍에 가서 호랑나비 춤을 추었다고 했다. 그동안 들었던 준형 씨의 모습으로는 상상이 되지 않았다.

그 후 우리 씨는 서울로 대학을 갔고, 고향에 남아 공장으로 간 준형 씨는 서로 바쁜 일상에 치여 점점 멀어졌다. 가끔씩 고향에 들를 때도 준형 씨 소식은 듣기 힘들었다. 준형 씨 어머니가 돌아가셨다는 소식도 서울에서 들었다. 찾아가야지 했지만 때를 놓쳤다. 아주 가끔씩 술에 취한 준형 씨가 전화를 걸었다. 무슨 일이냐고 물으면 별일 없다고, 그냥 잘 지내나 궁금해서 전화했다고 대답하는 것이 전부였다. 얼마만큼 큰 외로움을 견디다 전화를 건 것인지, 그때는 미처 몰랐다. 한 번이라도 부산에 내려와서 안부를 살폈더라면 그렇게 죽지 않았을까. 우리 씨는 한동안 말이 없었다.

가을이 깊어갈 무렵, 우리 씨가 부산을 찾았다. 우리 씨는 긴 해외 출장을 마치자마자 이리로 왔다. 무연고 사망자를 가매장한 영락공원. 형형색색 꽃이 놓이고, 반들반들 깎아놓은 비석들이 즐비한 가족 묘지를 지나자 가매장 묘지 표지판이 나왔다. 빼곡하게 꽂혀 있는 희고 길쭉한 나무 표지판에는 이름도 없이 숫자만 적혀 있었다. 직원이 와서야 준형 씨가 묻힌 곳을 찾을 수 있었다. 사람의 손길이 닿지 않은 듯 무성한 풀들이 표지판을 뒤덮고 있었다. 우리 씨는 풀을 걷으며 나무 표지판을 하나하나 확인했다.

13/48. 이준형 씨의 묘비명이다. 2013년 48번째 무연고 사망자라는 뜻이다. 차갑다. 우리 씨는 그 옆에 준비해간 국화꽃을 내려놓았다. 이름이라도 있었으면 좋겠다. 아니면 다른 납골당처럼 작은 사진이라도 있었으면 좋겠다. 정돈되지 않은 흙더미를 가만히 쓸어본다. '내가 너를 기억해. 거기선 부디 외롭지 않기를…'

모두 27개 팀이 나누어 추적한 206명의 무연고 사망자의 삶. 그들을 기억하는 수많은 사람들을 만났지만 단 한 명의 친구로는 고독사를 막을 수 없었다. 여러 겹의 사회적 관계망이 필요하다는 생각이 들었다.

가족 내 자기 역할을 찾지 못한 사람들

외롭게 죽어간 이들의 마지막 나날들은 모두 비슷했다. 변변한 직장이 없었고, 늘 술에 취해 있었다. 직계 가족은 거의 없었다. 그리고 남자가 압도적이었다. 무연고 사망자 관련 통계를 살펴보면 미혼이 40.0퍼센트, 남자는 78.8퍼센트, 50대 32.0퍼센트. 이 결과로 교집합을 만들면 고독사한 사람의 모습이 그려진다. 그들은 50대의 미혼 남성들이다. 무연사할 가능성이 높은 독거노인들을 보면 2011년 기준 71퍼센트로 여성의 비중이 훨씬 높다. 그런데도 남성 고독사가 압도적이다. 왜 이들이 더 위험할까?

직장을 잃고, 경제력을 잃는 순간, 남자들은 배우자와 가족을 잃는다. '남성은 경제적 능력이 있어야 한다'는 통념 때문에 남성들은 직장을 잃거나 사업에 실패했을 때 스스로 위축된다. 고독사하는 남성들의 가족 관계가 허물어지는 계기도 경제적 무능이 시작되는 때부터다. 경제적 무능이 가장으로서의 자존감에 영향을 끼치고, 그것이 갈등을 만들어내서 가족이 붕괴되기 때문이다.

나태해서 혹은 무지해서 그들이 노숙자가 되거나 홀로 죽어가는 것이 아니다. 그들은 다만 한 번 실패한 사람일 뿐이다. 비록 사회가 재활의 기회를 주지 않더라도 가족 내에서 자신의 역할과 자리를 찾으려고 새롭게 노력했다면 어땠을까? 무연고사가 발생하면 각 구청과 경찰 등은 연고자를 찾는다. 연락이 된 직계 가족들은 대부분 사체 인수를 거부한다. 그들은 '오래 연락하지 않아 남보다 못한 사이'라고들 한다. 이들은 과연 가족에게 어떤 사람들이었을까?

희생을 강요하는 가족 이데올로기

독거노인, 고독사가 왜 사회 문제가 될까? 단순히 가족 없이 혼자 살았기 때문일까? 세계에서 1인 가구가 가장 많은 나라는 스웨덴이다. 단지 1인 가구가 늘어나는 것만이 고독사와 관련이 있다면 고독사 문제는 스웨덴에서 가장 먼저, 그리고 가장 크게 제기되었을 것이다. 하지만 고독사는 일본에서 가장 큰 문제가 되었다. 일본과 우리나라의 공통점을 생각하면, 유난히 전체를 위해 개인의 희생을 강요하는 사회라는 것이다.

가족 관계 안에 위계질서가 확실하고 엄마, 아빠, 자녀 등 각각에게 기대하는 역할이 분명하다. 배려와 절제를 기본으로 하는 타인과의 관계와는 달리 '가족' 안에서는 구성원들에게 이타주의와 희생을 강요한다. 그 과정에서 친밀함을 무기로 상대를 억압하거나 과도한 책임감을 부여해 죄책감을 느끼게 만들기도 한다. 한계 설정이 제대로 이루어지지 않은 곳에서 제 역할을 못한다고 느낄 때 사람들은 그 안에 계속 머물기가 어려워진다.

앞에서도 말한 것처럼 고독사하는 사람 가운데는 특히 남자가 많고, 그들은 대개 경제적으로 무능해졌을 때 가족으로부터 분리되는 경우가 많았다. IMF구제금융 같은 경제적 불황기에 직장을 잃거나 사업에 실패한 후 길거리로 나온 가장들 가운데도 고독사로 생을 마감한 경우가 많았다. 물론 이들이 단지 경제적 부양자로서의 역할을 다하지 못한 것만으로 가족에게서 떨어져 나오게 된 것은 아니다. 경제적 부양자로서의 역할에만 매몰되어 가족 간의 바람직한 관계를 챙기지 않았던 것이 부메랑이 된 것이다.

또한 우리나라의 경우, 개인의 복지에서 가족이 감당하는 부분이 너무 크다는 것도 문제다. 가족 구성원에게 부여된 부담이 너무 클 경우 결혼을 기피하고 아이를 낳지 않는 선택을 하게 된다. 천문학적인 결혼 비용이나 육아 부담, 노후에 대한 걱정 등을 오로지 가족이 책임져야 한다면, 어느 개인이 그런 경제적·심리적 책임을 기꺼이 감당하려 하겠는가. 전체를 위한 개인의 희생만을 요구할 것이 아니라 사회 내 모든 개인들이 인간으로서의 존엄과 생활 방식 선택의 자유를 누릴 수 있도록 하는 것이 무엇보다 중요하다.

가족 관계를 유지하기 위한 노력

취재를 시작할 때 취재팀은 생각했다. 무연고 사망자들에게는 드라마틱한 사연이 있을 것이라고. 혹은 게으름이나 무책임함, 불성실 같은 개인적 결함이 있을 거라고 말이다. 그러나 그들의 삶은 특별하지 않았다. 한두 번의 실패가 있었지만 한 사람의 삶을 완전히 무너뜨릴 만큼 거대하고 결정적인 것은 아니었다. 주위에서 흔히 볼 수 있는 실패였다. 그럼에도 그들은 왜 혼자서 죽을 수밖에 없었는가. 그들을 지켜주었어야 할 가족은 다 어디로 갔는가? 왜 그들을 지켜주지 못했을까? 결혼을 했다면, 아이를 낳았다면 혹시 달라질 수 있었을까?

사람들이 착각하는 것 중 하나가 가족이 자연발생적이라고 생각하는 것이다. 가족이 흔히 혈연으로 이어지기 때문이다. 가족이 노동 공동체였을 때의 결혼은 개인의 일이 아니라 가족의 일이었다. 하지만 결혼이 낭만적 사랑의 결과물이 되어버린 근대에 들어서 전적으로 개인적인 일이 되어버렸다. 가족을 만드는 것에서부터 유지하는 데 개인의 결정과 노력이 어느 때보다 중요한 시대가 된 것이다. 과거는 공동체가 아니면 생존 자체가 어려운 시대였지만, 지금은 혼자서도 얼마든지 살 수 있는 시대가 되었다.

고독사한 사람들에게도 가족이 있었지만 그 사이에 '관계'가 남아 있지 않았다. 가족이 정서적 공동체로서 온전히 제 역할을 다하기 위해서는 과거처럼 단순히 '피는 물보다 진하다'를 외치는 것만으로 충분치 않다. 가족이라는 관계를 유지하려는 노력이 필요하다. 가족은 사람이 사람으로 살아가기 위해 필요한 소속감과 애착, 심리적인 안정감을 주는 가장 기본적인 사회 단위다. 하지만 일방적인 것이 아니라 상호 관계하며 역동하는 관계다. 이 관계가 제대로 만들어져야 불이익을 감수하고라도 서로를 보호한다.

가족은 가장 친밀한 관계를 지닌 타자다. 그 때문에 예기치 않게 가장 큰 상처가 되기도 한다. 가족의 친밀함은 상대도 자신과 같은 생각을 할 거라는 믿음을 낳고, 그것이 충족되지 않았을 때 더 큰 실망과 갈등을 낳는다. 내 마음대로 정한 '어떤 특정한 행동'을 상대가 그대로 수행할 것이라고 믿기 때문에 그렇지 않았을 때 실망은 더 크다. 하지만 아무리 가족이라도 개별 존재인 사람들에게 이런 기대를 하는 것은 안타깝게도 언제나 빗나가고 실망감을 안겨주게 된다. 가족으로부터 상처를 입고 떨어져 나온 사람들은 더 이상 갈 곳이 없고, 결국 고립 속에서 죽어간다.

게다가 가족 관계의 실패는 다른 사회적 관계에까지 영향을 미친다. 고독사한 사람들은 가족 간의 관계뿐 아니라 사회나 지역 사회와의 관계도 전혀 없었다. 가족과의 관계에서 인정받지 못한 사람은 사회나 직장에서도 인정받지 못한다고 느끼고, 가족에게 버림받은 경험이 있는 사람은 집 밖의 관계에서도 자꾸 그런 상황으로 스스로를 몰아간다. 이럴 때 공동체나 제도의 관심이 중요하다. 소속감과 애착에 상처가 있는 사람이라면 이들을 위해 먼저 손을 잡아주는 사람이 필요하기 때문이다.

이미 가족으로부터 떨어져 나온 사람이라면 사회적 안전망이 그런 역할을 해줄 수 있다. 어떤 상황에 처하더라도 나는 더 이상 혼자가 아니며 더는 혼자 버티지 않아도 된다는 믿음이 있다면 사람들은 훨씬 덜 외로울 것이다. 2013년에 출범한 '한국1인가구연합'이나 부산 지역을 중심으로 아파트 관리 사무소를 확장한 형태의 '마을관리사무소'는 사회적 가족을 지향하는 다양한 활동을 벌이고 있다. 하지만 기억해야 할 것은 이런 상호 신뢰의 관계를 형성하고 지속하는 것은 상대만의 책임이 아닌 나의 책임이기도 하다는 사실이다. 취재를 마친 팀들은 입을 모아 말했다.

"요새 만나는 사람마다 이렇게 얘기해요. 나중에 네가 혼자가 되어 너무 외롭고 쓸쓸하면 나한테 꼭 연락하라고. 왜 고독사 취재를 우리 같은 젊은이에게 맡겼나 생각했는데, 이걸 하면서 좋은 어른이 되어야겠다, 그런 생각을 많이 했어요."

아마도 이들은 이제 길거리를 배회하는 노인들을 예전과 같은 눈길로 바라보지 못할 것이다. 이웃에 누가 살고 있는지, 혹시 외롭게 살아가고 있는 사람이 있는지 두리번거리게 될 것이다. 그들이 무엇을 먹고, 어떻게 지내는지 관심을 가지고 살펴보게 될 것이다. 길거리에 쓰러져 있는 사람을 한 번 더 돌아보게 될 것이다. 그리고 기꺼이 나서서 그들을 도울 것이다. 이렇게 타인은 누군가의 가족이 된다.

식구의 탄생, 타인은 가족이
될 수 있을까?

언제부터인가 우리 곁에 혼자 사는 사람들이 늘고 있다. 직장, 학업, 취업, 이런저런 이유로 의도적인 가족 분리가 곳곳에서 이뤄졌기 때문이다. 1980년 4.8퍼센트였던 1인 가구는 2013년 25.3퍼센트를 넘어 2040년에는 전체 가구의 절반을 차지할 거라는 전망이다. 비자발적 가족 분리 외에도 독신, 사별, 이혼, 애초부터 혼자 살아가는 삶을 고른 비혼자도 늘었다. 현재 전체의 4분의 1 정도를 차지하고 있는 1인 세대. 이들은 어떻게 살아가고 있을까? 취재팀이 궁금한 것은 이들의 식탁이었다. 가족이라고 하면 떠오르는 부모와 미혼의 자녀가 꾸리는 4인분 식탁과 이들 1인분의 식탁은 어떻게 다를까?

취재 결과 짐작대로 1인분의 식탁은 단출하고 허술했다. 24시간 편의점에는 다양한 형태의 간편식이 넘쳐난다. 전자레인지에서 몇 분이면 완성되는 레토르트 음식은 1인 세대에게 주식이나 다를 바 없다. 이에 비하면 라면은 요리 축에 들 정도다. 과자나

1인분의 식탁은 단출하고 허술했다. 전자레인지에서 몇 분이면 완성되는 레토르트 음식이나 뻥튀기 등으로 '끼니를 때우는' 경우도 많았다. 더러 잘 챙겨 먹는 이들은 함께 먹을 사람이 아쉽다.

뻥튀기 같은 것으로, '먹는' 것이 아니라 말 그대로 '때우는' 사람들도 많았다. 이들의 벗은 TV나 빈 벽, 가끔은 반려동물이다. 그런데 이들에게 함께 식사할 사람들이 생긴다면 어떤 일이 벌어질까? 과연 이들은 식구가 될 수 있을까?

각양각색의 이유로 혼자 사는 사람들을 모아 8주 동안 매주 한 번씩 따뜻한 밥 한 끼를 나누게 하고 어떤 일이 벌어지는지 실험하기로 했다. 참여 대상은 경제적인 이유로 결혼을 미루고 있는 독신 남녀, 돌아온 싱글, 애완동물을 가족처럼 키우며 살고 있는 사람, 자녀와 아내를 외국에 보낸 기러기 아빠, 사별로 배우자를 떠나보낸 어르신 등이었다. 전국에 혼자 사는 사람들을 수소문

한 끝에 이 시대 1인 가구를 대변하는 8명이 모였다. 그리고 일요일마다 한 끼를 나누는 가상의 식구가 되는 프로젝트에 동참하기로 했다. 지금껏 시도해보지 않은 최초의 실험, '식구의 탄생'이다.

언젠가 한 번은 모두 1인 가구가 된다

저마다 다른 이유로 혼자 사는 이들이 점점 늘고 있다. 가구원 수별 세대 구성 비율을 보면, 1990년대 48.3퍼센트를 차지했던 4~5인 가구는 2010년 28.7퍼센트로 줄었고, 1인 가구는 9.0퍼센트에서 23.9퍼센트로 늘었다(통계청 2010년 인구총조사). 이런 추세라면 2035년에는 1인 가구가 34.3퍼센트까지 이를 전망이다.

1인 세대의 구성 요인을 보면, 미혼이 단연 많아 44.6퍼센트를 차지하고 있다. 다음으로 많은 경우가 사별 28.8퍼센트, 이혼한 후 혼자 사는 사람이 14.7퍼센트, 배우자가 있지만 유학이나 직장 때문에 혼자 사는 경우도 12.8퍼센트나 된다. 연령대별로 20대 19퍼센트, 30대 18.7퍼센트, 40대 14.9퍼센트, 50대 15.2퍼센트, 60대 12.3퍼센트, 70대 32.2퍼센트를 차지해 평생은 아니더라도 누구나 한 번쯤 일정 기간은 혼자 살아야 하는 시대가 됐다. 1인 가구는 이제 더 이상 예외적이거나 일시적인 주거 형태

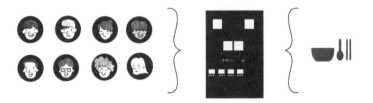

가 아니다.

이들 가운데는 자신의 적극적 선택에 의해 혼자 살기로 한 사람들도 있지만 가족이라는 안전장치 속으로 편입될 수 없어서 혼자 사는 사람들도 있다. 후자의 경우는 보살펴줄 가족도, 관심을 가져줄 이웃도 없는 경우가 많다.

취재팀은 이번 실험이 식사 프로젝트인 만큼 이들의 건강 상태를 먼저 살펴서 유의미한 변화가 생기는지 살펴보고자 했다. 프로젝트에 들어가기 전 건강 검진을 받도록 하였는데, 8명 중 절반인 4명에게서 문제가 발견됐다. 그중 유명남, 황만호, 채정인 씨 세 사람은 빈혈, 높은 콜레스테롤 수치, 중성 지방 등 식습관과 직결되는 질환들을 가지고 있었고, 심리 검사에서도 유명남, 황만호, 천진호 씨 3명에게 가벼운 우울 증상이 있는 것으로 나타났다. 과연 8주간의 프로젝트로 이들에게 변화가 올까? 온다면 어떤 변화일까?

1인 가구, 그들 각자의 사정

채정인(25세, 회사원) : 강아지를 데려왔다가 집에서 쫓겨난 채정인 씨는 옥탑방에서 강아지 한 마리, 고양이 한 마리와 함께 살고 있다.

손정애(35세, 공무원) : 직장 따라 서울에 올라온 포항 아가씨. 서른이 되기 전에 결혼 하겠다는 생각과 달리 고향에서 올라온 지 10년째인데 아직 짝을 못 만났다.

민현진(34세, 프리랜서) : 장가를 안 가겠다고 선언해서 부모님께 쫓겨나 혼자 살기 시 작한 민현진 씨는 출퇴근 시간이 불규칙한 방송국 프리랜서다.

김중호(49세, 회사원) : 19살 아들을 둔 돌싱 9년차 회사원. 혼자서 오이소박이를 담가 먹을 정도로 잘 챙겨 먹지만 혼자 먹는 게 싫어서 늘 TV와 함께다.

황만호(46세, 회사원) : 아내와 아이들을 캐나다에 보낸 지 1년 된 기러기 아빠. 가기 싫 다는 아내를 자신이 등 떠밀었지만 가족이 그리워서 주말이 너무 길다.

유명남(77세, 주부) : 1년 전에 할아버지와 사별한 후 혼자 살고 있다. 슬하에 4남매를 두었지만 폐 안 끼치고 혼자 사는 것이 편하다고 하신다.

천진호(20세, 대학생) : 울산이 고향인 진호는 대학을 서울로 오면서 자취를 시작했다. 자유로울 것이라고 좋아했지만 혼자 밥 먹는 건 언제나 고역이다.

제이미(35세, 강사) : 2002년 한반도를 뜨겁게 달궜던 월드컵 때 한국에 왔다가 여태까 지 한국에 살고 있는 캐나다 아가씨. 직업은 영어 강사.

실험 1~2주차 : 낯설어서 조심스러운 첫 만남

2014년 6월 8일, 드디어 첫 만남이다. 사람들이 다 모이자 잠시 어색한 침묵이 흘렀다. 유명남 할머니는 혼자 너무 나이가 많아서 사람들과 공통된 대화거리가 있을까, 다들 자신을 부담스러워하지 않을까 움츠러들었고, 막내 진호 씨는 막내로서 윤활유 역할을 해야 하는 건 아닐까 부담을 느꼈다.

8명의 식사 프로젝트의 규칙은 매주 일요일 식사 당번 2명이 주방과 식탁이 있는 2층에서 식사를 준비하는 동안 나머지 사람들은 옥상 텃밭을 가꾸고, 식사를 마친 후에는 1층 거실에서 담소를 나누는 것이다. 첫 번째 식사 당번은 최고령 유명남 할머니와 막내 진호 씨. 전통 시장에서 장부터 봤다. 아직은 서로 낯설어 자기가 맡은 일에만 집중한다. 진호 씨는 길 안내, 계산, 짐 들기를 맡고, 할머니는 메뉴에 맞게 재료를 고르고 흥정했다.

여덟 명이면 요즘 보기 드문 대가족이라 장 볼 거리도 만만치 않다. 살림 경험이 많은 할머니가 주도하며 어느새 손발이 척척 맞는 역할 분담이 이루어졌다. 메뉴를 의논하면서 처음 어색했던 분위기가 많이 편안해졌다. 두 사람이 장을 보는 사이, 옥상에 모인 나머지 6명은 깻잎, 고추 같은 채소를 키울 작은 텃밭을 만들었다. 농사 경험이 없는 젊은 친구들은 경험이 있는 어른들의 도움을 받아 씨앗과 모종을 심었다. 과연 잘 자랄까 걱정하면서도 직접 수확한 신선한 야채를 먹을 생각에 마음이 들떠 어느

실험 1주차. 어색한 첫 만남의 광경.

새 어색함이 가셨다.

주방에서는 식사 준비가 한창이다. 할아버지가 돌아가시고 난 후에는 별로 음식을 하지 않았다는 유명남 할머니가 오랜만에 요리 실력을 뽐낸다. 보글보글 끓는 된장찌개, 폴폴 맛있는 김이 올라오는 코다리찜, 정성 가득한 집 밥이 완성되면서 집 안에는 어색함 대신 친밀함이 퍼져나갔다. 할머니는 외국인인 제이미가 자신의 음식을 입맛에 맞아할지 걱정이다. 간을 보라는 할머니 말에 코다리찜을 한입 먹은 진호 씨는 곧바로 엄지를 척 들어올렸다.

8명의 식사를 차리는 큰일이지만 오랜만에 누군가를 위해 차리는 밥상이기에 할머니 얼굴에는 지친 기색보다 뿌듯하고 행복한 미소가 떠돈다. 드디어 한자리에 모인 식구들. 한 상 가득 차려진 정성스러운 밥상에 박수부터 친다. 상기된 얼굴의 할머니는 음식 설명을 하느라 오랜만에 말씀이 많다.

혼자 지낸 지 오래지만 제대로 된 음식을 만들어 먹어본 적이 없던 미혼 남녀 현진 씨와 정아 씨가 함박웃음을 터뜨린다. "잘 먹겠습니다." 합창 소리와 함께 숟가락과 젓가락이 바쁘게 오가는 식탁. 불과 몇 시간 전, 이 식탁 앞에서 눈을 피하며 어색해하던 이들이 음식 앞에서 거리낌이 없어졌다. 맛있다는 감탄과 함께 순식간에 한 그릇을 비우고 밥을 더 푸는 사람들, 그런 사람들을 보면서 할머니는 쑥스럽지만 자랑스러운 미소를 띤다.

식구라는 이름으로 함께한 첫 식사. 모두들 함께 먹으니까 때우거나 배를 채우는 게 아니라 정말 밥을 먹은 것 같다고 입을 모은다. 제이미나 황만호 씨는 멀리 있는 가족 생각도 하게 됐다. 하지만 가장 연배가 위인 김중호 씨나 유명남 할머니는 젊은 사람들의 대화에 끼기 쉽지 않아 여전히 어색하고 쑥스러운 표정이다. 잘 섞이지 못해 어색해하는 사람들을 보니 혼자 산다는 것 외에는 연령, 직업, 관심사, 어떤 공통점도 없는 이들이 과연 식구가 될 수 있을까 걱정스러워졌다.

실험 3~4주차 : 아직까지 어려운 세대 간의 소통

우려와 걱정 속에서 어느새 3주차에 접어든 식구 프로젝트. 오늘 식사 당번은 황만호 씨와 제이미다. 만호 씨는 주말이면 늘

실험 3~4주차. 첫 번째 모임과 달리 시작부터 대화가 끊이지 않는다.

지루했는데, 식사 프로젝트 이후 일요일에 할 일이 생겨 다행이라고 한다. 아내와 아이들이 떠난 후 끼니를 제대로 챙겨 먹지 않았는데도 오히려 5킬로그램 이상 살이 찐 만호 씨는 고지혈증이 생겼다.

챙겨주는 사람이 없으니 식사가 불규칙하고, 한번 먹으면 절제를 하지 못해서 그런 것 같다고 한다. 만호 씨는 오늘 생애 첫 요리에 도전한다. 장 보는 것도, 요리를 하는 것도 처음이다. 함께 식사 당번이 된 제이미에게 고기 손질 및 칼질하는 법부터 배웠지만 파프리카를 썰다 그만 손을 베고 말았다. 부상을 입은 만호 씨는 제이미의 배려로 쉬운 요리를 맡았다.

두 사람이 식사를 준비하는 동안 다른 방에 모인 사람들은 이야기꽃을 피웠다. 중호 씨와 유명남 할머니는 여전히 화제에 끼지 못해 지루하고 애매한 표정으로 사람들의 이야기를 흘려듣고 있었다. 우여곡절 끝에 식탁이 완성됐다. 두 사람은 식사를 준비하는 동안 국경도 나이도 뛰어넘어 한층 친밀해졌다. 오늘 메뉴는 캐나다 가정식. 고기와 야채가 골고루 섞이고 파스타까지 곁들인 식사다. 1인 가구에겐 상상하기 힘든 식탁이다.

함께 먹는 따뜻한 식사에 어느새 밝아진 얼굴들, 서로 대화가 끊이지 않는다. 첫 식사와는 사뭇 달라진 모습이다. 어릴 때부터 함께해온 사람들도 아니고, 어떤 공통점이 있는 사람들도 아니고, 다 큰 성인들이 갑자기 모여서 친해질 수 있을까, 민현진 씨는 비관적으로 생각했단다. 그런데 불과 3주 만에 많이 친해진 것 같다고 한다. 특별히 잘 맞는 좋은 사람들이 이렇게 모인 건가 싶기도 하다.

젊은 사람들 사이에서 대화가 많이 오가게 되자 어색해하는 어른들에게도 이런저런 말을 붙인다. 집이 같은 방향이면 같이 가자는 등 말을 건네보지만 어른들은 아직 마음의 벽을 다 허물지 못한 듯하다. 특히 중호 씨는 다른 사람들이 적극적으로 말을 걸어도 자꾸 움츠러든다. 그의 개인적인 공간을 침범하는 건 아닌가 싶어 사람들도 조심스럽다.

실험 5~6주차. 연락 없이 참석하지 않은 김중호 씨를 걱정하며 이야기를 주고받는 실험자들.

실험 5~6주차 : 서툴지만 서로를 위해 노력하다

어느새 프로젝트 예정 기간의 절반에 다다랐다. 오늘은 민현
진 씨와 채정인 씨가 식사 당번인 날이다. 요리 경험이 전혀 없
는 두 남자가 잔뜩 장을 봐오면서 가족들 먹여 살리기 힘들다고
장난스레 투정한다. 무슨 음식을 낼 거냐는 다른 사람들 질문에
'비밀'을 외치지만 비밀이라기보다 스스로도 어떤 음식을 만들지
모르는 것 같다. 모양도 크기도 제각각인 감자전, 한쪽에서 타고
있는 야채 볶음밥, 우왕좌왕 좌충우돌의 과정을 거쳐 어쨌든 여
덟 식구의 식탁이 완성되었다.

　식탁이 완성되는 동안 한쪽에서는 아직까지 도착하지 않은 중
호 씨에 대해 나머지 식구들이 걱정하고 있었다. 혹시 무슨 일이
생겼나 연락하고 싶지만 1주차 자기소개 때 왜 혼자 사는지 정확

실험 6주차의 옥상 삼겹살 파티 모습. 몰라보게 친해진 참가자들은 서로 속 깊은 이야기로 털어놓았다.

하게 밝히지 않아서 직접 묻기도 조심스럽다. 아들 이야기는 더러 들었지만 아내에 대해선 통 듣지 못했다. 무슨 일인지, 오고 있다면 어디쯤 왔는지, 아무리 메시지를 보내도 묵묵부답이다. 밥을 먹으면서도 중호 씨 이야기를 나누던 사람들은 걱정스러운 마음을 함께 나누다 이내 위기감을 느낀다. 역시 타인인 것일까 하는 생각이 든 것이다.

　프로젝트 6주차. 첫 주에 심었던 옥상 텃밭의 채소들이 몰라보게 자라는 동안 식구들도 한결 친밀해졌다. 처음엔 서먹했던 할머니도 스스럼없이 장난을 치게 되었다. 오늘도 중호 씨는 늦었다. 가장 뒤늦게 나타나 쑥스러워하는 중호 씨에게 식구들의 걱정 어린 질타가 쏟아졌다. 연락이 안 돼서 걱정했다는 이야기에

중호 씨는 조금 당황한 얼굴이 되었다. 오늘은 옥상에서 삼겹살 파티를 벌이기로 했다. 첫 수확한 고추와 싱싱한 상추도 곁들였다. 할머니와 중호 씨에게 고기 쌈을 싸서 먹여주는 등 서로 말 없이 챙기는 모습이 영락없는 가족이다.

속 깊은 이야기도 서로 털어놓았다. 그동안 결혼 등 개인적인 질문을 삼가고 있었지만 6주차에 들어서는 그런 이야기들이 조심스럽게 오갔고, 미혼 남녀들 사이에서는 결혼을 꼭 해야만 하는지에 대한 개인적인 의견도 오갔다. 그런 말 끝에 모두들 조심스러워하던 중호 씨에 관련된 질문도 나왔다. 중호 씨는 이혼 때문에 혼자 산다는 사실을 밝혔다. 하지만 전혀 어색하지 않았다. 그동안 소극적이고 겉돌던 중호 씨의 사정을 사람들은 이해하게 됐고, 하기 어려운 이야기를 용기 내어 한 중호 씨도 홀가분해했다. 어렵지만 자신을 열어 보이면서 이들은 진짜 식구가 되어갔다.

정일 씨는 같은 처지의 현진 씨와 개인적으로도 친해졌다. 쉬는 날이 아니라도 일부러 틈을 내어 서로의 집을 방문하기도 한다. 현진 씨 집을 찾아온 정일 씨는 혼자 사는 집에 대한 품평을 늘어놓고, 두 사람은 그 집의 유일한 식량인 비빔면을 꺼내 끓인다. 상 대신 신문지 몇 장을 펼치고 냄비째 놓고 면을 덜어 먹는 두 사람. 혼자 있을 때도 자주 끓여먹던 것이지만 둘이 같이 먹으니 좀 다르다. 먹으면서 이런저런 살아가는 이야기를 나누니 더 맛있게 느껴진다.

실험 7~8주차 : 가족의 탄생

8주차 마지막 날, 식구들은 함께 여행을 떠났다. 바나나 보트를
타며 물놀이도 하고 추억을 쌓으며 즐거운 한때를 보냈다. 8명이
둘러앉은 마지막 식사를 끝내고 모닥불 앞에 모인 사람들은 마
음을 담은 영상 편지를 선물로 준비했다. 손정아 씨는 유명남 할
머니에게 반찬 한 개만 꺼내 먹지 말고 잘 챙겨드셨으면 좋겠다,
심심하면 전화하시라는 내용을 담았다. 유명남 할머니는 화답이
라도 하듯 자신에게 친절했던 정아 씨가 좋은 사람 만나 시집 가
서 행복하게 살았으면 좋겠다는 내용을 담았다.

천진호 씨는 유난히 자신에게 마음을 써주던 김중호 씨에게
메시지를 남겼다. 외로운 모습이 정말 많이 보였다며 앞으로는
사람들에게 마음을 열고 삶의 무게를 혼자서 버겁게 짊어지지
말라고, 당신은 정말 좋으신 분이라고. 겨우 두 달, 8일 동안 한
끼 식사를 나눴을 뿐인데, 사람들을 서로의 아픔과 외로움에 공
감했다. 무엇을 불편해하는지, 무엇 때문에 괴로워하는지, 어떤
좋은 점을 가진 사람인지 찬찬히 살펴보고 있었던 것이다. 마음
을 쉽게 열지 못해 겉돌던 김중호 씨는 "마음이 이상하네요. 참
고맙고, 또 다른 가족이라는 생각이 들어요"라고 말하면서 눈물
을 글썽였다.

실험 8주차. 사람들은 마지막이 될 시간을 아쉬워하며 서로를 껴안은 채 오래도록 움직이지 않았다.

　국적도 다르고 언어도 달랐던 제이미는 함께하는 시간이 정말 즐거웠다며 앞으로도 더러 만났으면 좋겠다는 말을 하다가 눈물을 쏟았다. 어느새 눈물바다가 되어버린 숙소 마당에서 모두들 서로를 껴안은 채 오래도록 돌아서지 못했다. 가상이지만 가족처럼 한 식탁에 둘러앉아 먹었던 8주간의 식사에서 이들은 과연 무엇을 얻었을까? 고향의 가족과 멀리 떨어져 있던 천진호 씨는 서울이라는 낯선 타향에서 의지할 사람이 생겼다고 말한다. 이렇게 사람들에겐 진짜 어려울 때 언제든 도움을 청할 수 있는 든든한 이웃이 생겼다.

혼자인 사정, 1인 세대가 많아지는 이유

아직은 싱글 : 취업, 진학, 라이프 스타일

개를 키우겠다고 했다가 집에서 쫓겨난 채정인 씨는 강아지에게 생일 케이크를 챙겨줄 만큼 지극정성이다. 강아지 용품만 전문적으로 취급하는 곳에서 고급 케이크를 사서 옥탑방 앞 평상에 놓고 고깔모자에 초까지 켜가며 제대로 생일 파티를 해주었다. 강아지로 인해 언젠가부터 싱크대 모퉁이가 정일 씨의 식탁이 되었지만 그래도 강아지 덕분에 쓸쓸하지 않다고 한다. 아무리 가족이라도 구성원의 서로 다른 라이프 스타일은 1인 가구 구성의 원인이 된다.

그다음으로 1인 가족을 구성하게 되는 이유는 취업과 진학이다. 포항이 고향인 손정아 씨는 직장 때문에 서울에 올라와서 독립한 경우다. 도시에서 혼자 사는 딸을 걱정하는 부모님께 서른이 되기 전에 시집을 가겠다고 했지만 벌써 10년째 자취 중이다. 한창 멋 부릴 나이의 아가씨 집답게 10년 간 사 모은 옷과 신발로 작은 집이 그득하다. 하지만 식생활을 알아보려고 열어본 냉장고는 텅 비어 있다. 가끔 티벳 요거트처럼 사람들 사이에 유행하는 음식을 직접 해먹기도 하지만 혼자 감당하기에는 양이 많아서 중도에 포기하기 일쑤다. 그러다 보니 냉장고는 통조림으로 가득 차 있다.

제이미는 2002년 한국에 와서 어느새 10년이 넘은 장기 거주자다. 캐나다의 살던 곳이 인구 1,200명의 작은 마을이라 일할 만한 데가 없어서 한국에 왔다가 정착했다. 처음엔 친구들과 밖에서 사 먹었지만 아무래도 건강에 좋지 않은 것 같아서 요즘은 집에서 해먹으려고 한다. 냉장고가 작은 건 그때그때 신선한 재료를 사다 먹기 때문이다. 하지만 역시 혼자 먹는 건 아직도 적응이 안 된다. 밥 먹을 때는 캐나다 식구들과 화상 통화를 하거나 SNS를 하며 혼자임을 잊으려 한다. 알고 지내던 미국인 강사가 태국으로 떠나면서 주고 간 고양이 '두부' 덕분에 그래도 밥먹는 시간이 덜 쓸쓸하다.

대학 진학을 서울로 하면서 고향 울산을 떠나온 대학생 천진호 씨는 엄마가 알뜰살뜰 챙겨준 밑반찬들이 있지만 아직 손수 밥을 차리는 게 서툴다. 엄마 아빠까지 다섯 식구가 살던 집의 막내로 엄마가 차려주던 밥상을 받기만 했던 터라 혼자인 것도 그렇고, 밥상을 차리는 것도 그렇고 어쩐지 어색하다. 혼자 지내면 집에 늦게 오거나 다른 일에 정신 팔아도 잔소리 들을 일 없겠다 싶어 은근히 기대했는데, 좋은 건 잠깐이다. 특히 몸이 아플 때면 집 생각이 간절하다. 아무도 없는 밥상에 앉을 때마다 배를 채우기 위해 꾸역꾸역 먹는다는 느낌이 드는 게 처량하다.

결혼이 독립의 가장 중요한 이유였던 과거와 달리 요즘은 결혼을 하지 않더라도 밥벌이를 시작하면서 독립하는 사람들이 많아졌다. 장가를 안 간다고 선언했다가 본가에서 쫓겨난 민현진 씨가 이런 경우다. 독립은 했지만 끼니를 챙기는 일은 어렵다. 현진 씨의 찬장에는 다양한 종류의 라면이 쟁여져 있고, 밥 대신 주로 먹는 것은 뻥튀기다. 그나마 곡물로 만든 거라 밥 대용이 되지 않겠냐고 너스레다. 뻥튀기는 사람 키만 한 비닐봉지에 담겨 방 한 켠을 차지하고 있다. 프리랜서라 동료와 규칙적으로 점심을 먹는 일도 어렵다. 뻥튀기 식사의 유일한 벗은 태블릿 PC다. 다운 받아놓은 영화를 보면서 오늘도 한 끼를 때운다.

과거엔 더블, 지금은 싱글 : 이혼, 사별, 교육 이별

이혼이 늘면서 이로 인한 1인 세대도 급격히 늘었다. 특히 최근에는 이혼하고 혼자 사는 50대 남성 1인 세대가 급격히 늘고 있다고 한다. 9년 전 이혼하고 혼자 사는 김중호 씨도 이런 경우. 하지만 중호 씨는 끼니를 잘 챙겨 먹는 편이다. 오이소박이 정도는 거뜬히 담글 수 있을 정도로 거의 모든 음식을 손수 한다. 장보는 것도 쑥스러워하지 않고 혼자서 잘 해낸다. 혼자 사는 사람일수록 건강을 스스로 챙겨야 한다는 생각에 단백질, 비타민, 무기질, 칼슘 등 영양소를 생각하여 상을 차린다.

오늘도 계란찜에 고추 장아찌, 멸치와 오징어채, 된장찌개와 콩나물국으로 균형 잡힌 7첩 반상을 차려냈다. 그래도 혼자 밥상이 쓸쓸한 건 다른 사람과 마찬가지다. 회사에서 직원들과 함께 먹을 때는 이런저런 이야기를 나누며 먹지만, 혼자 먹을 때는 켜놓은 TV만이 유일한 친구가 되어준다. 밥 먹는 시간과 야구 중계 시간이 겹치면 혼자 밥 먹는 것도 나쁘지만은 않다.

고령층에서 1인 세대를 구성하는 경우는 대부분 배우자 사별이 이유다. 할아버지가 돌아가신 후 혼자 사신 지 1년이 된 유명남 할머니가 이런 경우다. 할아버지와 결혼하고 50여 년을 함께 살아온 터라 돌아가신 자리가 허전하다. 볼 일이 있어 집을 나설 때면 할아버지 사진에 인사를 한다. 그러면 혼자 산다는 느낌이 안 나서 훨씬 좋다. 혼자 사시는 할머니라 정부 보조금을 받고 있지만 부족한 생활비도 벌 겸 농산물 시장에 나간다.

요즘은 파 다듬는 철이다. 한 단을 다듬으면 1천 원을 받는다. 부지런히 하면 하루 스무 단도 다듬는다. 다들 할머니들이라 친해질 법도 한데, 시장에 모인 할머니들은 서로 곁을 안 준다. 자식들 봉양을 받아야 할 나이에 여전히 허드렛일을 한다는 것에 대한 자격지심 때문인지 자주 만나지만 여전히 서먹하다.

주변이 컴컴해진 후 집에 돌아온 할머니는 누룽지와 밑반찬 두세 가지로 간단히 저녁을 먹는다. 시장 일이 늦게 끝나면 마중 나와주고 함께 들어와 도란도란 저녁을 먹던 할아버지 생각이 나서 식사 자리가 더 허전하다. 자식 넷을 두었지만 살아가기 팍팍한 세상이라 혹시 폐가 될까 싶어 혼자 사는 게 마음 편하다.

자녀 교육을 위해 자발적 기러기 생활을 시작한 황만호 씨는 아내와 아이들을 캐나다에 보냈다. 고등학교 졸업한 후 대학 때부터 자취를 시작해 결혼하기 전까지 혼자 살았는데, 결혼 10년 만에 다시 혼자가 되었다. 대기업에 다니면서 보니 아무래도 외국어 실력에 아쉬움이 많았고, 또 우리나라 교육 환경이 아이들에게 너무 버거운 것 같아서 싫다는 아내를 설득해 외국으로 보냈다. 5~10년 정도 각오하고 있는데, 여전히 혼자 먹는 밥은 적응이 안 된다. 식사를 한다기보다 배만 채우면 된다는 느낌으로 밥을 먹는다. 그래서 여섯 끼를 내리 혼자 먹어야 하는 주말이 싫다.

이제 존중해야 할 선택 : 결혼, 출산

혼자 사는 사람들 중 가장 높은 비율은 미혼 남녀다. 프로젝트에도 미혼 남녀가 제이미까지 넷이다. 갈수록 결혼을 미루는 이들이 많아진다. 1981년 각각 26.4세, 23세였던 남자, 여자의 혼인 평균 연령은 불과 30년 만에 32.2세, 29.6세로 높아졌다. 결혼은 낭만적 사랑의 결과물이며 아주 개인적인 선택이라지만 이게 꼭 스스로의 선택에 의한 것일까?

서른네 살의 민현진 씨는 EBS 교육방송의 프리랜서 카메라 감독이다. 방송 일의 특성상 밤낮이 뒤바뀐 생활을 할 때가 많다. 자신의 일에 대한 자부심이 크지만 안정적이지 않다 보니 결혼에 큰 걸림돌이 된다. 소개팅을 하거나 결혼을 전제로 한 만남에 나서려고 할 때마다 비정규직이라는 사실에 왠지 움츠러든다.

삼포세대니 오포세대니 하는 말들이 우리 사회에서 이제 일상적이다. 최악의 청년 실업률과 바늘구멍 통과하기보다 어려운 취업, 결혼 비용이나 육아 비용 등도 결혼과 출산을 포기하는 이유가 된다. 하지만 결혼에 대한 인식의 변화가 더 큰 이유인 듯하다. 식구 실험을 위해 모인 8명 가운데 4명이 미혼이었는데, 이들 모두 결혼과 출산을 누구나 꼭 해야 하는 필수적인 통과 의례라기보다 개인의 선택일 뿐이라고 생각하고 있었다.

6주차에 접어들었을 때, 8명이 결혼에 대한 이야기를 나누었다. 서로에게 궁금한 것을 묻는 과정에서 결혼을 꼭 해야 하느냐는 질문이 나왔는데, 모두 꼭 할 필요는 없다고 입을 모았다. 행복하려고 하는 결혼인데, 다른 사람들이 하니까, 혹은 등 떠밀려서 하는 건 아니라고 생각한단다. 함께 삶을 꾸려나가며 행복하게 살아갈 수 있겠다고 생각하는 사람을 만난다면 결혼을 하겠지만 단지 해야만 한다는 이유로 결혼을 선택하지 않겠다는 것이다.

가정을 꾸린 황만호 씨는 살면서 아이 키우는 기쁨을 못 누리는 건 좀 아닌 것 같다는 의견도 내놓았다. 하지만 이혼을 선택할 수밖에 없었던 김중호 씨는 결혼을 꼭 할 필요는 없는 것 같다고, 사람마다 추구하는 라이프 스타일이 다르고 삶의 지향이 다르니 그걸 잘 맞춰 살 자신이 없다면 혼자 사는 것도 나쁘지 않을 것 같다고 말했다. 자신도 장남이고 남자니까 부모님이 걱정하시기도 해서 별다른 생각 없이 결혼을 했는데, 혼자 살아보니 그 삶도 재밌고 나름대로 만족스럽단다.

식구 프로젝트에 최대 위기를 불러온 당사자이자 극복의 실마리를 안겨준 김중호 씨, 그는 9년 전까지 세 가족의 가장이었다. 아내와 갈등이 있었지만 아이 때문에 오래 고민하다가 이혼을 결정했다. 처음 3년은 자신이 아이를 맡아 키웠지만 후에는 아이 엄마에게 보내고 지금은 한 달에 한두 번씩 만난다. 자주 만나지 못하는 만큼 챙겨주고 싶은 마음이 크다. 아들을 자주 보고 싶다는 생각을 하면서도 만약 아내와 계속 불편하게 살았다면 아이에게도 나쁜 영향을 미쳤을 것이고, 지금처럼 사이가 좋지도 않았을 거라는 생각을 한다.

타인과 가족이 되는 법

8주 동안 일주일에 한 번 만나 식사를 나누는 것으로 과연 타인이 가족이 될 수 있을까? 가족은 이제까지 혼인과 주거를 함께하는 혈연 집단으로 정의되어왔다. 그리고 경제적 기능뿐만 자녀 양육과 사회화, 노부모 봉양 등을 책임지는 기능적 역할을 해왔다. 하지만 현대로 오면서 이 모든 기능을 정부나 요양소, 탁아

기관 등을 통해 대신할 수 있게 됐다. 모든 사람들이 각자의 라이프 스타일과 선택에 따라 1인 세대가 될 수 있는 시대가 된 것이다. 이제 새로운 가족의 정의가 필요하다.

기능적 역할이 축소된 가족은 이제 온전히 '관계'로 남게 되었다. 결혼이 사랑 이외에 다른 목적을 갖지 않듯이 가족 역시 권위와 역할이 아니라 정서적 결속감과 사랑이 더 중요하다. 그러기 위해서는 예전의 가족처럼 너와 나를 구분하지 않는 감정 합일이 아니라 너와 나를 타자로 구분하는 공감을 바탕으로 해야 한다. 가족 실험은 그 구체적인 방법을 일깨웠다. 단순히 피를 나눈 혈연으로만 유지되는 가족이 아닌 진짜 가족이 되기 위해서는 이 원칙들을 되살려야 한다.

감사와 사랑은 아낌없이

우리 가족 문화는 감사와 사랑을 표현하는 데 인색하다. 서로 말을 안 해도 마음을 알아주겠지 하는 가족 일심동체의 신화 때문이다. 하지만 그렇게 잘 알겠거니 하고 지나친 것들이 상처가 된다. 아무리 가족이라도 서로의 마음을 알 수 있는 초능력을 가진 사람은 없다. 식구 프로젝트를 시작하고 2주차에 유명남 할머니가 생신을 맞게 되었다. 식사 당번은 미역국을 끓였고, 나머지 식구들은 풍선과 케이크 등으로 파티 준비를 했다. 깜짝 파티였다.

뒤늦게 들어서는 할머니에게 고깔모자를 씌워드리자 할머니는 어리둥절해했다. 촛불이 켜진 케이크가 나오고 모두 생일 축하 노래를 합창했다. 작은 선물을 전달하고 낭독한 편지에는 외로워 보이는 할머니에게 여기 계시는 동안 외롭지 않게 해드리겠다는 내용과 친손주같이 잘 대해주셔서 감사하다는 말, 앞으로 어머니처럼 따뜻하게 품어달라는 이야기가 담겨 있었다. 선물을 받은 유명남 할머니는 눈물을 글썽이며 자식들에게도 못 받아본 감사와 사랑이라며 행복해했다.

"내 평생 이런 생일상은 처음 받아봐요. 진짜 엄마한테 하듯 하는 거 보니까 다 우리 식구들 같고."

유명남 할머니에게는 자식이 넷이나 있었고, 모르긴 해도 장성한 자식들에게 생일 축하를 받아봤을 것이다. 그럼에도 처음 받아본 것처럼 좋아한 것은 자식들에게 받는 것은 당연한 것이고 이들에게 받은 것은 뜻밖의 호의였기 때문이다. 이런 감사와 사랑은 릴레이로 이어졌다. 6주차에 접어들자 사람들은 하나둘 서로에게 줄 작은 선물들을 들고 왔다. 유명남 할머니는 식구들에게 나눠주겠다고 양말을 사오기도 했다. 거창한 선물은 아니지만 모두들 놀라고 반가워했다. 형편이 넉넉지 않은 할머니가 쌈짓돈을 아껴 사온 선물이라는 걸 잘 알기 때문이다.

유명남 할머니는 식구 프로젝트를 마치며 지난 몇 주 동안 정말 행복했다고 전한다. 아무 인연도 없는 젊은이들이 자신을 살뜰히 챙겨준 것이 어찌나 고마운지. 황만호 씨는 그런 할머니를 보며 자신의 부모님 이야기를 했다. "유명남 어머님이 받은 카드 챙기시면서 아이들한테 보여줘야지 그러시는데, 우리 부모님께 나는 이런 생일상을 해드린 적이 있나 싶어 반성을 많이 했습니다." 모르긴 해도 나머지 사람들도 쑥스럽다거나 내 마음을 알겠지 하는 마음으로 식구들 간에 생략해버렸던 수많은 감사와 사랑의 인사가 떠올랐을 것이다.

내 조언과 염려의 말들이 혹시 간섭과 통제는 아니었을까

모일 때마다 찍었던 폴라로이드 사진만큼 추억도 쌓였다. 텃밭 농사를 지어본 적 있는 중호 씨는 옥상에서 아버지 노릇을 했고, 먼 캐나다에 가족을 두고 온 제이미는 할머니에게 살가운 손녀 노릇을 했다. 할머니는 겉절이 담그는 법을 가르쳐주면서 진짜 자식에게 하듯 걱정 어린 잔소리도 했다. "집에서 뻥튀기 같은 거 먹지 말고 간단하게라도 밥들 먹어. 이런 거 무치는 거 간단하니까." 할머니가 시키는 대로 할지 말지도 모르면서 네, 하는 씩씩한 답이 바로 나온다.

가족 간에는 알게 모르게 역할이 정해진다. 엄마 역할, 아이 역할, 아빠 역할, 각각 그 역할이 제대로 이루어지지 않았을 때는 갈등이 생긴다. 처음 식구 프로젝트 사람들이 모일 때도 유사 가족 안에서 자신이 맡아야 할 역할에 대해 사람들은 고민했다.

진호 씨는 막내이기에 사람들에게 스스럼없이 붙임성 있게 굴어야 한다고 생각했다. 중호 씨는 가장 나이 많은 남자 어른으로서 가장 역할을 해야 하는 건 아닌지 부담을 느꼈다. 이혼이 마치 결함 같아서 이 역할을 잘하지 못할 것이라고 위축되기도 했다. 비슷한 나이대의 젊은이들 사이에서도 형, 아우, 누나 역할에 대한 스스로의 검열이 있었다. 하지만 실제로는 자연스럽게 자신의 사정에 따라 행동했고, 그것이 이들을 가족으로 느끼게 하는 데 어떤 문제도 일으키지 않았다.

늘 미안한 마음을 갖고 있는 아들 생각 때문인지 중호 씨는 프로젝트 식구들 중에서도 진호 씨에게 가장 많은 애정을 보여줬다. 식사 당번이 된 중호 씨는 진호 씨를 위해 따로 콩나물국을 끓여주기도 하고, 요즘은 무슨 생각을 하는지, 지내기는 어떤지 말도 많이 걸었다. 정아 씨는 유명남 할머니에게 유독 마음을 썼다. 모일 때마다 자주 사진을 찍었는데, 정아 씨는 늘 할머니 사진을 뽑아왔다. 다른 사람들에게는 스마트폰으로 보내면 그만이지만 스마트폰을 갖고 있지도 않고 사용하실 줄도 모르는 할머니를 위해서였다.

돌아가면서 준비한 밥상에 대해서도 시간이 지나면서 어느 누구도 부담을 느끼지 않았다. 잘하면 잘하는 대로 못하면 못하는 대로 자기에게 맡겨진 끼니에 최선을 다했다. 처음에는 어떻게든 잘해보려는 모습이었지만 시간이 지날수록 밥상은 평범해졌다. 한두 가지 반찬에 따뜻한 밥 한 그릇 곁들인 것만으로도 모두 편안해했다. 대신 일주일 동안 어떻게 지냈는지 이런저런 안부를 묻고 귀 기울여 듣는 시간이 많아졌다. 정아 씨에게 좋은 남편을 만났으면 좋겠다고 한 유명남 할머니의 말이 강요가 아니었던 것처럼, 그 말들은 명령도, 통제도 아닌 조언과 배려가 담겨 있었다.

서로의 조건이 아닌 존재 자체가 축복

8주의 과정을 통해 제이미는 할머니를 얻었고, 유명남 할머니는 든든한 식구들을 얻었다. 남에게 폐 안 끼칠 테니 다른 사람도 나한테 폐 안 끼쳤으면 좋겠다고 생각했던 채정인 씨는 누군가를 챙겨주고 또 챙김을 받는 것이 얼마나 따뜻한 느낌인지 알게 되었다. 이들은 서로에 대한 과도한 기대 대신 서로 다른 존재 자체를 기쁘게 받아들였다.

식구 프로젝트는 사실 그리 특별한 것이 아니다. 이웃이지만 서로의 존재를 모른 채 살아가던 사람들을 그저 모이게 했을 뿐이다. 천진호 씨와 손정아 씨는 사실 같은 동네에 살며 몇 번이나 동네 마트에서 스쳐 지나간 사이였다. 식구 프로젝트는 두 사람을 진짜 이웃사촌으로 이어줬다.

단순히 심리적인 안정감만 달라진 것이 아니다. 프로젝트가 처음 시작될 때 했던 건강 검진을 프로젝트가 끝난 8주 후에 다시 해보았다. 건강 검진에서 문제가 됐던 유명남 할머니의 빈혈

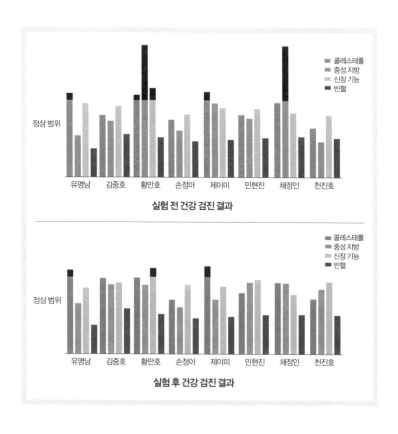

정상 범위

유명남　김중호　황만호　손정아　제이미　민현진　채정인　천진호

실험 전 건강 검진 결과

콜레스테롤
중성 지방
신장 기능
빈혈

정상 범위

유명남　김중호　황만호　손정아　제이미　민현진　채정인　천진호

실험 후 건강 검진 결과

콜레스테롤
중성 지방
신장 기능
빈혈

증상이 호전됐고, 황만호 씨의 콜레스테롤 수치와 채정인 씨의 중성 지방 수치도 많이 낮아졌다. 가족과 헤어져 살며 가벼운 우울증 증상을 보이던 세 사람도 모두 정상으로 돌아왔다. 현진 씨는 벼르던 밥솥을 샀다. 넉넉하게 10인용이다. 음료수 몇 개가 전부였던 냉장고에도 반찬으로 해먹을 것들이 꽉 찼다. 남을 챙기다 보니 스스로도 챙기게 됐단다.

얼마 전 생일을 맞은 중호 씨의 SNS 페이지에는 현진 씨의 생일 축하 메시지가 올라와 있었다. 혼자서도 음식을 잘 챙겨 먹던 중호 씨는 상을 차릴 때마다 다른 식구들은 밥을 잘 먹고 있나 한 번씩 생각하게 된단다. 할아버지가 돌아가신 후 사교 활동이 거의 없었던 유명남 할머니는 요즘 얼굴이 밝아지고 활발해졌다는 이야기를 많이 듣는다. 동네 할머니들이 모인 계 모임에도 자주 나가서 지난주에는 마장동에서 장어를 먹었다고 자랑한다. 심심하면 프로젝트할 때 함께 찍었던 사진들을 들춰보며 즐거웠던 기억을 곱씹는다.

저마다의 사정으로 1인 가구로 살아가던 이 시대 대표 1인 가구 8명. 직업도, 관심사도, 연령도 다 달라서 과연 친해질 수 있을까 걱정했던 이들이 아직도 남일까? 핏줄로 연결된 구성원들끼리 상처를 주고받으며 가족이라는 명분을 지키면서 사는 것만이 가족의 가치를 지키는 길일까? 이번 실험처럼 가족끼리도 서로의 차이를 인정하고 상호 개체성을 존중하고 협력하며 살아가는 건 불가능한 일일까?

내가 행복하지 않은 가족의 행복은 없다

이들 가족들은 각각 독립된 개체로 서로와 만났다. 전통 가족처

럼 가족 안에서 기능적으로 주어진 역할이 없었다. 자연히 서로
에 대한 막연한 기대 대신 배려와 절제가 앞섰다. 자신이 하는
음식이 사람들 입맛에 맞을지 걱정하던 유명남 할머니에게 가족
들에게는 어떤 음식을 해주시는지 물었더니 뭘 그런 걸 묻느냐
는 표정으로 그냥 자신이 먹던 것을 준다고 했다.

우리가 생각하는 가족은 그런 것이다. 말 안 해도 아는 사이.
내가 좋으면 너도 좋아야만 하는 것. 하지만 그런 사이라는 건
세상에 없다. 그래서 가족은 애정의 근원이면서 폭력의 근원이
된다. 그 안에서는 관계보다 역할이 더 중요하다. 경제적 부양
자로서 아버지는 아내와 아이들에게 보답을 요구하고, 아이들
은 부모가 지운 부담을 감내하며 부모가 기대한 것을 제대로 해
내지 못한 것에 죄책감을 느낀다. 그러는 사이 원망이 쌓여간다.
잘못 만들어진 가족 간의 관계는 외부와의 관계에까지 영향을
미친다.

진짜 바람직한 관계라면 어떤 갈등과 위기를 겪고 나서 얼마
나 성장했는가가 중요하다. 그렇지만 우리의 가족은 너와 내가
같은 마음이라는 것을 전제로 갈등과 위기를 덮거나 모른 체한
다. 버림을 받지 않을까, 비난을 받지 않을까, 화를 내면 어쩌나
생각하면서 가족이라는 이유로 부당한 요구나 억압에 시달리는
한, 행복한 가족이 되기는 어렵다. 가족 간에도 한계와 예의가
필요하다. 내가 행복하지 않은 채 가족이 행복할 수는 없다.

그러니 가족을 떠나왔다고 슬퍼할 일도 아니고, 가족과 떨어져 있다고 모두 고독사의 위험에 처하는 것은 아니다. 가족이라는 틀, 혈연이라는 당위보다 관계가 훨씬 중요하다. 지금 이 순간 만나는 사람들과 솔직하고 다정하게 함께 이 시간을 누릴 수 있다면 그것으로 충분하다. 역할과 서열이 강조되는 혈연관계가 아니라 지금, 여기 서로 소통하고 사랑하는 이들이 진짜 가족이다. 우리가 만났던 8명의 가족들처럼. 일생을 통해서 어느 기간은 한 번쯤 혼자 살아야 하는 시대, 당신 곁에는 따뜻한 밥 한 끼를 함께할 '식구'가 있는가?

4부

새로운
가족을 꿈꾸며

가족은 인류의 역사만큼이나 오래된 제도다. 당연히 그 형태나 범위에서 수많은 변화를 겪어왔고 지금도 끊임없이 변하고 있다. 사회의 기본 단위인 만큼 사회의 변화가 가족 제도 혹은 관계에 영향을 미치기도 하고, 또 가족의 변화가 사회에 영향을 미치기도 한다. 그렇기에 우리가 일반적으로 떠올리는 가족의 모습으로 〈가족 쇼크〉의 문을 열었다. 부모와 자녀라는 일반적인 관계로부터 어떤 변화가 일어나고 있는지, 혹은 어떤 변화가 필요한지를 통해 지금 이곳의 가족 모습을 돌아보고 싶었기 때문이다.

　형태가 바뀌었든 관계가 달라졌든 그렇게 오랜 시간 '가족'이라는 형태가 존속한 데는 이유가 있을 것이다. 개체로 독립하는 데 다른 동물보다 훨씬 긴 시간이 필요한 인간에게 가족은 최초의 보호처이고, 불확실하고 위험한 외부 세계로부터의 안식처이며, 막다른 순간 기댈 수 있는 근거지다. 가족 역시 사회의 다른 체제들과 마찬가지로 다양한 사회의 모순이나 이데올로기에 맞닿아 있어 때로는 불합리하고 모순된 모습을 보여주기도 하지만 근원적인 모습은 초시간적이고 불변적 가치를 지니고 있다. 과거의 가족 모습이라고 해서 모두 뜯어고쳐야 할 모순투성이가 아니며 미래에 도래할 가족의 모습이 완전무결한 이상적 모습은 아니라는 뜻이다.

　이제 우리는 과거의 우리 가족의 모습을 돌이키면서 시간의 흐름에도 변치 않는 가족의 가치는 무엇인지 되짚어보고자 한다. 1960년대 베트남이나 1970·80년대 중동으로 일하러 나갔던 우리나라 가장들의 모습과 겹쳐 보이는 이주 노동자의 모습에서, 여전히 모계 중심 원시 공동체의 특징을 지니고 있는 남태평양 키리위나 섬의 가족의 모습에서 그것들을 엿볼 수 있으리라.

　1인 가구의 증가나 고령화 같은 변화를 보면서 가족의 해체 혹은 붕괴를 걱정하는 사람들도 많다. 하지만 그것은 변화일 뿐, 가족이라는 근원적 가치의 해체는 아니다. 이럴 때일수록 오히려 심리적으로는 친밀감과 소속감의 근원으로서, 기능적으로는 위험으로부터의 보호와 사회의 재생산을 위해 존속해온 가족의 원 모습을 돌이켜보는 것이 필요하다. 거기에는 혈연으로 이어진 가족만이 아닌 새로운 형태의 가족도 포함될 수 있다. 이 모든 성찰이 지금, 여기의 가족의 가치와 의미를 되묻는 소중한 작업이 될 것이라 굳게 믿는다.

마석, 집으로 가는 길

또 다른 이웃, 이주 노동자가 사는 법

이제 한국 거리에서 이주 노동자를 마주치는 것은 별로 특별한 일이 아니다. 고향을 떠나 먼 타향에 와서 가족에 대한 부양의 책임을 다하고 있는 이들의 모습은 1960년대 베트남과 1970~80년대 중동에서 땀 흘리던 우리 전 세대의 모습과 겹쳐 보이는 부분이 있다. 문화적으로 차이야 있겠지만 가족의 경제적 안녕을 위해 육체적 고생과 그리움의 고통을 견디는 모습은 크게 다르지 않다. 이들을 낯선 타향으로 기꺼이 떠나게 만든 것, 그리움을 견디게 하는 것은 어떤 거창한 명분도 아니다. 가족을 위해 고향을 떠나온 그들을 만나고 싶었던 〈가족 쇼크〉 취재진은 국내 최대 가구 단지 마석으로 향했다.

마석 가구거리는 주말이면 새살림을 시작하는 젊은 예비 부부들과 새집을 장만한 중년 부부들로 북적인다. 거실이나 침실처럼 꾸민 공간에 반질거리는 새 가구가 있고 그 위로 화려한 조명이 떨어진다. 사람과 차들로 북적이는 화려한 가구 매장들을 지나면 시간을 거슬러온 듯 오래된 공장 지대가 나타난다. 이곳에 모여 있는 가구 공장은 400여 개, 이곳에서 일하는 사람들은 대부분 이주 노동자들이다. 워낙 불안정한 신분인 사람들이 많아 정확한 통계는 없지만 많을 때는 2천 명 정도까지 살았고, 현재는 약 600여 명 정도가 모여 산다고 알려져 있다.

이주 노동자들이 우리나라에 들어오기 시작한 지 이제 20여 년, 곳곳에 많은 이주 노동자들이 살고 있지만 특히 밀집 지역인 경기도 안산의 원곡동은 일터와 삶터가 어느 정도 분리되어 있다. 그래서 이주 노동자들은 거주 지역에서 살다가 식당이나 상점 등 상업화된 구역에서 만나 정보와 친교를 나눈다. 또 다른 밀집 지역인 부천, 시흥, 포천, 구미 등도 마석처럼 공장과 거주 공간이 뒤섞인 지역이 있긴 하지만 마석만큼 다닥다닥 붙어 있지는 않다. 마석은 노동과 생활 공간이 밀도 높게 한데 붙어 있고 시내와는 떨어져 있는 고립된 섬 같은 곳이다.

위암 걸린 어머니를 돌보는 청년

유난히 웃음이 많은 서른세 살 청년 핫산은 방글라데시에서 왔다. 한국에 온 지 어느새 14년. 오전 내내 갈아낸 톱밥 먼지가 자욱한 가구 공장 안은 본드와 페인트 등의 화공 약품 냄새가 지독

몸에 묻은 톱밥 가루를 털어내는 핫산. 핫산은 오전 업무를 마무리하면 톱밥도 제대로 털지 않은 몸으로 간식을 먹는다. 핫산이 제일 좋아하는 간식은 달콤하고 부드러운 믹스 커피다.

하다. 좁은 옷장 안에 들어가 조립을 하고 나온 핫산은 문짝이 잘 맞는지 확인한다. 잘 안 맞는지 몇 번을 들락거리며 드릴 작업을 한다. 하루에 많게는 14시간씩 톱밥 가루를 마셔가며 일하지만 고향의 일곱 식구를 자신의 손으로 벌어 먹여 살린다는 자부심이 크다. 가구를 만든 지는 7~8년. "처음에 와서는 힘들었지만 이제는 오래되어서 안 힘들어요." 숙련공의 자부심이 넘친다.

　열아홉 살에 처음 한국에 온 핫산은 한국에 오자마자 아버지가 돌아가셨다는 소식을 들었다. "집에 전화했는데 큰형이 전화를 받았어요. 원래는 아빠가 받아야 되는데… 그 순간 이상한 생각이 들었어요. 형에게 아빠 바꿔달라고 했더니 형이 울더라고요. 그래서 서로 아무 말도 못하고 잠자코 있었죠. 전화 끊고 나서 아는 삼촌에게 전화해서 아빠가 병원에 계시냐, 돌아가셨냐, 물었더니 돌아가셨다고 했어요."서툰 한국말로 이야기하던 핫산은 새삼 눈물을 쏟는다. 아직도 아버지가 돌아가셨다는 게 믿기지 않는다.

점심시간이 되자 익숙하게 김치에 밥을 급히 먹고는 어디론가 간다. 마석 가구 공단 내에 있는 작은 이슬람 기도방. 점심을 먹고 남은 시간에 다른 사람들은 부족한 잠을 보충하기도 하지만 핫산은 5명의 동생들과 부모님을 위한 기도가 더 급하다.

"하나님한테 매일 기도드려요. 어머니를 볼 수 있는 행운을 저에게 달라고, 돌아가서 어머니를 보게 해달라고."

핫산의 어머니는 위암 말기로 투병 중이다. "제가 여기서 열심히 일하고 돈 보내서 엄마를 돌보고 있습니다. 그래서 행복합니다."

언제 돌아가실지 모를 만큼 위중한 상황인 데다 아버지처럼 임종도 못 지키는 건 아닐까 걱정되지만 핫산은 돌아갈 수가 없다. 의료 환경이 열악한 방글라데시 대신 인도의 병원까지 치료를 받으러 다니는 어머니의 병원비가 만만치 않아서다. 공장에서 일하고 퇴근한 후에는 일손이 필요한 다른 공장에서 아르바이트까지 한다. 그러고도 핫산은 생활비를 최소한으로 쓰고 나머지는 모두 식구들에게 보낸다.

이들이 사는 곳은 큰길에서 뻗어 나간 골목들 사이에 공장들과 뒤섞여 있다. 이주 노동자들이 많아지면서 주거 공간이 많이 필요하자 낡은 컨테이너를 개조한 집이 많아졌다. 원룸 형태로 싱크대, 수도 시설, 화장실 등이 갖춰져 있지만 밖으로 난 창 하나 없는 곳도 많다. 물을 데우려면 물을 받아놓은 대야에 전기 열선을 담가놓아야 한다. 공장 지대에서도 가장 싼 집이다.

핫산은 매일 어머니에게 전화를 걸어서 목소리를 들어야 안심이 된다. 전화를 끊고 나면 걱정과 그리움에 당장에라도 달려가고 싶어진다. 결혼도 문제다. 고향에서는 대부분 서른이 되기 전에 결혼하는데, 핫산은 서른셋이니 이미 노총각이다. 엄마가 돌아가시기 전에 마음이 착한 여자를 만나서 다복한 가정을 꾸리고 싶다. 고향에서도 자주 중매 소식이 날아온다.

아파도 돌아갈 수 없는 가장

방글라데시인 핀투 씨는 고향에 딸과 아내, 어머니와 형제자매를 두고 왔다. 한국에 온지 1년 만에 갑상선암을 진단받고 수술을 받았는데, 암이 재발할까 늘 그게 걱정이다. 오늘도 정기 검진을 받기 위해 친구 샤킬과 함께 무료 진료소에 왔다. 팔에 이름표를 두르고 기다리는 핀투의 표정은 걱정과 초조함이 얽혀 있었다. 언제 병을 진단받고 수술했는지 등의 간단한 문진이 이루어지고 초음파 검사를 받았다. 초음파 사진 결과 림프절이 커져 있단다. 순간 재발인가 싶어 걱정이 밀려왔다.

의사 선생님은 림프절이 커져 있지만 그건 병 때문이 아니라 수술 때문에 생긴 반응적 림프절 종대라고 말해줬다. "깨끗하네요. 재발이나 전이된 것도 없고요." 핀투는 비로소 안도의 한숨을 내쉰다. 이럴 때는 고향의 가족 생각이 더 간절하다. 그래도 이대로 고향에 돌아간다면 치료를 받을 수 없어서 죽을지도 모르고, 단지 보고 싶다는 무책임한 생각으로 고향에 가면 가족들을 먹여 살리기 힘들다. 그는 다시 가방을 둘러멘다.

고향을 떠나면서 빌린 돈을 다 갚지도 못한 상태에서 수술 때문에 한국에 와서 오히려 빚만 지게 된 핀투는 오늘도 공장으로 향한다. 제구실을 못하는 환풍기에는 목재 먼지가 켜켜이 내려 앉아 있다. 가구의 도료로 쓰는 독한 페인트 냄새가 암 수술을 받은 환자에게 좋을 리 없지만, 오늘도 핀투는 씩씩하다. 일을 끝내고 집에 돌아가는 길이면 이게 고향 집으로 돌아가는 길이었으면 좋겠다는 생각도 한다.

늦은 밤, 그 역시 집에 전화를 걸어 아이와 아내, 어머니와 통화하며 그리움을 달랜다. 이곳이 방글라데시라면 일을 끝내고 가족들을 늘 만날 수 있을 텐데 싶어 새삼 서럽기다. 하지만 그런 마음을 감춘 핀투는 다른 이주 노동자들과 마찬가지로 환하게 웃으며 자신은 잘 지낸다고 말한다. "옆에서 지켜보는 게 아니니까 아이 학교 생활 이야기를 상세하게 물어보고, 서로 기도 많이 하고 있다고 걱정 말라고 이야기하죠."

봉급을 받은 핀투 씨는 아내에게 보낼 전기밥솥을 샀다. 아무리 힘들어도 기뻐할 가족들을 생각하면 힘이 난다.

봉급날이 되면 마석에는 활기가 돈다. 핀투 씨도 오랜만에 시내에 나와 아이들 줄 학용품과 아내에게 보낼 짐들을 준비했다. 아내에게 주려고 산 화장품과 밥통이 만만치 않게 무거웠지만 언덕길을 오르는 발걸음은 가볍기만 하다. 몇 달에 한 번씩 이렇게 짐을 싸서 보내면서 선물을 받고 기뻐할 가족들 얼굴을 떠올리는 것만으로 충분한 보상이 된다.

제작진은 핀투 씨 대신 선물 박스를 가지고 방글라데시에 다녀오기로 했다. 긴 여행 끝에 마침내 사랑하는 가족들 품에 안긴 선물 상자. 가족 모두 이번엔 무슨 선물을 보냈을까, 기대에 찬 눈으로 박스를 연다. 전기밥솥을 열어보며 신기해하는 아내, 이번에 학교에 들어가는 딸을 위한 학용품을 보자 모여든 동네 아이들이 더 신나 한다.

모두들 즐거운 가운데 조용히 눈물을 훔치는 사람은 핀투의 어머니였다. "이렇게 많은 사람들이 모여 있는데, 우리 아들만 없으니까 많이 슬픕니다. 어릴 때부터 핀투가 잠시라도 눈앞에 보이지 않으면 걱정되곤 했는데, 벌써 4년이 넘도록 보지 못했어요. 20년은 된 기분이에요."

딸 사미아와 아내 역시 핀투가 그립지만 당장 돌아오라고 이야기할 수 없어서 더 슬프다. 방글라데시에는 일할 곳이 없고 몸이 아파도 치료받을 수 있는 곳이 없다. 남편의 선물을 받은 밤, 가족들은 즐거움보다 그리움과 슬픔이 더 크다. 고마우면서도 미안한 마음에 그날 가족은 오래도록 잠들지 못했다.

오늘 결혼했지만 내일 헤어져야 하는 신혼부부

가족과 함께라면 이렇게 그리워하면서 지내는 것만큼은 피할 수 있을 텐데, 이주 노동자들의 가족 동반은 허용되지 않는다. 마석에서 좀 떨어진 남양주의 한 가구 공장에서 일하는 차마르는 네팔에서 왔다. 아직 저개발 상태인 네팔 역시 일할 곳이 없다. 대부분의 젊은이들이 외국에서 온 산악인들을 돕는 셰르파 일을 하지만 일이 고된 데다 위험하고 보수도 높지 않아 기회만 된다면 이주 노동을 하고 싶어 한다.

차마르도 외국에서 돈을 벌어 가족을 부양하겠다는 꿈을 가지고 한국에 오게 됐다. 힘들 때면 이럴 바에는 가족들과 함께 네팔에서 사는 게 낫겠다는 생각이 들기도 한다. 가난했지만 서로를 믿고 의지하는 가족들 덕분에 살아왔다는 차마르는 자신이 번 돈으로 가족이 행복해지는 것이 곧 자신의 행복이라고 믿는다.

오늘따라 퇴근길 발걸음이 유난히 가벼운 차마르의 설렘에는 이유가 있다. 멀리서 연인인 간치히가 찾아왔기 때문이다. 집 문을 열자마자 네팔의 여느 가정집처럼 향긋한 차 냄새가 풍긴다. 매일 혼자 들어오던 집에 사람의 따뜻한 온기가 느껴지니 차마르의 얼굴에 함박웃음이 퍼진다.

간치히는 홍콩에서 가정부로 일하는 이주 노동자. 벼르던 결혼을 위해 이번에 한국에 왔다. 차를 가져다주는 간치히의 얼굴에도 수줍지만 행복한 미소가 번진다. 네팔에서 만나 첫눈에 사랑에 빠진 두 사람이지만, 생계를 위해 한국과 홍콩에 떨어져 지내다가 드디어 결혼식을 올리게 된 것이다. 사랑하는 마음이 깊었기에 결혼은 당연한 것이라 생각했고, 결혼하자는 차마르 말에 간치히도 망설임 없이 대답했다.

두 사람은 서울의 한 네팔 식당에서 결혼식을 올렸다. 축하해주는 사람들 가운데 가족이 없다는 게 서운하지만 그래도 타국에서 일하며 가족보다 더 가까워진 사람들의 축복으로 두 사람

홍콩에서 가정부로 일하는 간치히와 한국의 가구 공장에서 일하는 차마르는 서울의 한 네팔 식당에서 결혼식을 올렸다. 하지만 가족 동반이 허용되지 않는 이주 노동자라서 다음 날 헤어져야 했다.

은 마침내 부부가 되었다. 신혼 여행지는 서울이다. 버스를 타고 가며 간치히는 제 손에 끼워진 결혼반지가 신기한 듯 들여다보다가 차마르 손의 반지와 나란히 대본다.

　각기 다른 나라에서 일하며 꿈꾸었던 결혼. 강물을 가르는 유람선 위에 선 두 사람의 얼굴에 만감이 교차한다. 그러나 이들에게 허락된 시간은 단 하루뿐. 이 하루가 지나면 간치히는 홍콩으로 떠나야 한다. "매일 이렇게 행복하게 지내면 얼마나 좋을까?" 떠날 생각에 눈물을 흘리는 간치히의 등을 어루만지는 차마르의 눈에도 어느새 눈물이 맺혔다. 울지 말라고 달래는 새신랑과 행복해서 우는 것이니 괜찮다는 새 신부의 실랑이가 애틋하다.

곧 네팔로 돌아가 함께 살기로 약속했지만 오늘은 이별할 수 밖에 없다. 공항 출국장에 들어선 두 사람은 또 눈물 바람이다. 결혼 하루 만에 이별이라니. 둘은 눈물범벅으로 입을 맞춘다. 차 마르는 많이 걱정하지 말라고 다독이며 도착하면 전화하라고 말 하며 어깨를 감싸 안는다. 떠나는 간치히는 발길이 안 떨어지는 지 돌아보고 또 돌아본다.

유일한 소원은 어떤 상황에서도 남편과 함께 있는 것이라는 간치히, 한시라도 떨어져 있기 싫은 아내와 조금이라도 나은 삶 을 위해 조금만 기다렸다 고향에서 만나자고 굳게 다짐하는 차 마르. 다시 만나는 그날까지 부디 건강하길 제작진은 진심으로 바랄 뿐이었다.

사진으로 만나 결혼식을 올리는 새신랑

애틋한 신혼부부의 헤어짐도 있지만 이보다 더 안타까운 것은 서로 만나지도 못한 채 부부의 연을 맺는 나히드 같은 경우다. 전화 결혼식은 마석에만 있는 특별하고도 슬픈 결혼식이다. 형 이 먼저 결혼해야 동생이 결혼하는 방글라데시 관습이 있기에 한국에 머물다가 결혼 적령기가 되면 서둘러 전화 결혼을 한다. 현지에서 사귀었거나 집안의 친분으로 정해진 처녀가 신부가 되 는데, 나히드도 지인의 소개로 우편으로 사진을 교환한 후 결혼 에 이르게 됐다.

타국이지만 결혼식의 전통은 고스란히 챙긴다. 새신랑 나히드도 집에서 결혼 전야제를 치렀다. 축하 음식으로 커리를 넣어 졸인 닭고기 볶음과 쇠고기 요리, 채소, 떡 등을 준비하고, 우리나라 청사초롱처럼 빨간 방울토마토와 청포도를 알알이 꿴 장식물에 붉은 장미를 얹은 과일 장식, 커리 가루 등도 함께 둔다. 하객들은 꽃을 두른 신랑에게 건강과 축복을 기원하는 덕담을 건네며 건강과 행운을 상징하는 커리 가루 또는 꽃잎을 찧어 만든 붉은 염료를 발라준다. 고국에서라면 진즉에 결혼을 했을 나이지만 나히드는 10년이나 늦었다.

이번 결혼 결정을 누구보다 기뻐한 사람은 가족들이다. 이렇게 결혼을 한 후 고향에 돌아가서 가족들 앞에서 다시 제대로 결혼식을 할 예정이다. 하지만 결혼을 하더라도 신부가 신랑을 따라 한국에 오는 경우는 거의 없다. 고향의 시집에 들어가 시부모님을 모시고 시동생들을 돌보며 집안 살림을 하는 게 일반적이다.

드디어 결혼식 날. 컴퓨터 화상 전화 속에 신부 모습이 처음으로 공개된다. 예쁘게 차려 입고 수줍은 미소를 띠고 있는 신부의 얼굴도 반갑지만 신부를 둘러싸고 있는 그리운 방글라데시 가족들의 모습도 반갑다. 신랑 아버지 주관으로 결혼식이 거행되고 나히드의 결혼 서약이 이어지자 신부 주변에 모여 서 있는 흰옷의 남자들이 신께 결혼을 알리고 축복을 간청한다. 신랑 나히드

나히드는 아직 아내와 직접 만난 적이 없다. 비록 전화로 결혼식을 올렸지만 앞으로 도와가며 잘 살고 싶다는 게 나히드의 소망이다.

는 이들의 기도에 손을 올려 화답한다.

오래 벼르던 결혼을 하고 꿈이라도 꾼 듯 얼떨떨한 표정으로 음식을 먹는 나히드의 바람은 소박하다. "앞으로 잘해야 하는데, 걱정도 되고 고민도 돼요. 하지만 이제 혼자가 아니니 아플 때, 힘들 때 서로 도와주고 의지하면서 그렇게 살고 싶어요."

갓난아이를 고향으로 떠나보내는 부모

얼마 전 아이를 낳은 마일린과 로저 부부는 아이를 낳았다는 기쁨보다 키울 일이 더 걱정이다. 필리핀에서 온 두 사람은 아는 이의 소개로 만나 부부의 연을 맺었지만 그동안 아이가 생기지 않아 마음고생이 많았다. 건강하게 태어난 아이의 손가락 발가락을 헤아리던 마일린의 눈시울이 어느새 붉어진다. 분만실 앞에서 초조하게 기다리던 아빠에게 아이를 보여주자 로저도 그만 눈물을 떨군다. 이 순간만큼은 다른 걱정들을 접어두고 아이에게만 집중하고 싶다. "건강하게 자라다오. 아빠가 노력해서 네게 해줄 수 있는 걸 최선을 다해서 해줄게. 좋은 미래를 줄게."

그렇게 부부를 찾아와준 아들 로드즈가 드디어 마석에 오는 날, 초보 엄마 아빠의 육아도 시작되었다. 아이 우는 소리에 배가 고픈가, 기저귀가 젖었나 살펴보며 행복해한다. "힘든 게 한순간 다 사라진 거 같아요. 신께 감사드립니다." 아이와 아내를 집에 두고 집 앞에 있는 공장으로 향하는 로저의 발걸음이 가볍기만 하다. 스폰지로 속을 채우고 합성 피혁으로 의자를 씌우고 스테이플러를 팡팡 박는 로저는 그 어느 때보다 신나 보인다. "아들도 생겼으니 이제 돈 많이 벌어서 빨리 필리핀에 가야죠."

하지만 행복은 오래가지 않았다. 로저와 마일린은 로드즈를 두 달 정도만 한국에서 키우고, 필리핀에 있는 할아버지 할머니에게 보내기로 했다. 함께 지내고 싶지만 마석에서 자라는 필리핀 아이들을 보면 로드즈의 미래가 보였다. 또 아기가 이곳에 있으면 한 사람은 육아를 위해 일을 포기해야 하는데, 그러는 것보다는 둘이 열심히 벌어서 필리핀으로 돌아가는 시간을 앞당기는 게 더 나을 것 같다는 생각이다.

오랫동안 기다리던 아기를 낳은 마일린과 로저 부부는 요즘 걱정이 많다. 생후 두 달, 세례를 받은 로드즈는 곧 필리핀으로 가 마일린의 엄마과 동생들이 키우게 될 것이다.

아이는 마일린의 엄마와 동생들이 돌봐주기로 했다. 한국 호적에 올릴 수 없어서 제대로 된 학교도 못 다니고, 혹시 단속이라도 뜨는 날이면 이리저리 도망 다녀야 하는 이곳보다 고향이 훨씬 따뜻하게 아이를 잘 보살펴줄 것이다. 여름에 태어난 로드즈가 세례를 받은 가을, 아이는 아는 사람을 통해 필리핀으로 떠났다. 아이가 떠나고 며칠을 앓아누웠던 엄마 마일린은 아이 사진을 볼 때마다, 아이의 물건을 볼 때마다 새로 겪는 일처럼 아파한다.

이웃 가족의 안녕이 우리 가족의 안녕

세계적으로 이주 노동자의 역사는 식민주의와 밀접하게 연관되어 있다. 제1차 세계 대전이 끝난 직후, 전쟁으로 젊은 인력을 대거 잃어버린 프랑스와 영국이 자국의 식민지를 중심으로 노동력을 끌어들였다. 경제 발전의 정도가 다른 두 나라가 있다면 발전 정도가 높은 나라에서 낮은 나라의 인력을 끌어당기는 것은 자연스러운 일이었다. 문제는 일자리니까. 그러한 이주 노동에는 늘 희망이 뒤따랐다. 더 나은 삶을 향한 기대와 희망.

경제 후발 국가였던 우리나라 역시 이주 노동과 떼려야 뗄 수 없는 역사를 갖고 있다. 일본 제국주의하에서 강제 노역에 동원된 이후로 1970년대는 베트남 파병과 독일 광부 및 간호사 파견, 1980년대는 중동 건설 붐으로 이어졌다. 이런 해외 이주 노동 덕분에 우리나라도 절대 빈곤 국가에서 벗어났지만, 베트남이나 독일, 중동으로 떠나던 개인에게는 국가가 아니라 가족이 먼저였다.

마석의 이주 노동자들에게서 독일로 떠나던 우리 아버지 세대의 모습을 찾아볼 수 있었다. 독일에 광부로 갔던 청년인 우리네 아버지는 햇산과 같이 스물 남짓이었다. 대졸자는 학력을 속이고 총각들은 조금이라도 높은 급여를 받으려고 없는 아내와 자식들을 꾸몄다. 연평균 기온이 40도가 넘는 중동 땅에서 하루 10시간을 넘게 일했다. 오죽하면 한국 건설업자들이 나가 있는 중동 국가에서는 사막에서 움직이는 거라곤 도마뱀과 한국인뿐이라는 말이 생길 정도였다. 그들은 번 돈의 대부분을 고국으로 보냈다. 그 돈으로 집을 사고 동생과 자식들 공부를 시켰다. 마석에서 우리는 과거 우리 아버지의 모습을 본다.

그들에게도 가족이 있다

마석에서 일하는 대부분의 사람들은 30~40대로, 이들이 이주 노동자의 70퍼센트 정도를 차지한다. 국적으로 보자면 필리핀과 방글라데시 사람들이 가장 많다. 이들 중 많은 수는 한국에 온 지 10년이 넘었다. 처음 한국에 올 때는 잠깐만, 고향에서 장사할 만큼 목돈 장만할 때까지만, 가족이 걱정 없이 살 수 있는 번듯한 집 한 채 살 때까지만, 동생들 공부가 끝날 때까지만을 기약했다. 타향에서 오래 있을 생각이 아니었다.

하지만 사정은 만만치 않았다. 홀몸으로 왔다가 같은 지역 사람을 만나 가정을 꾸리면 아이들의 장래를 위해 조금 더, 가족에게 아픈 사람이 생기면 다시 조금 더, 이번 추석 보너스만 타면, 이번 설 보너스만 타면, 하는 식으로 체류 기간이 길어지다 10년을 넘기기 일쑤였다. 그래도 그들은 저녁에 듣는 가족의 목소리에 내일을 살아갈 힘을 다시 얻는다.

가족을 동반할 수만 있다면 어쩌면 이주 노동은 훨씬 덜 고통스러울 것이다. 하지만 이주 노동자들에게는 가족 동반 체류가 허용되지 않는다. 우리나라의 이주 노동자들은 대부분 2004년부터 시행된 등록 허가제에 따라 일한다. 회사 쪽에서 이주 노동자들을 고용해서 등록하는 것이다. 1990년대 만들어진 산업 연수생 제도에 문제가 많아 보완한 것이라고 하는데 이 역시 가족 관련 문제에서는 나아진 게 없다.

이들은 일시적으로도 본국의 가족을 초청할 수 없을 뿐만 아니라 본국에 다녀오려고 해도 사업주의 허락이 없으면 안 된다. 더 큰 문제는 임금 체불 등의 문제가 생겨 어쩔 수 없이 회사를 떠나 다른 곳에서 일할 경우, 원래 등록한 회사가 아니기 때문에 불법 체류자 신분이 된다. 게다가 외국인이라도 우리나라에 5년 넘게 체류하면 영주권을 신청할 수 있는 자격이 생기는데, 우리나라 이주 노동법은 4년 10개월까지만 합법적인 체류를 허용한다. 회사의 필요에 따라 재초청을 하더라도 4년 10개월씩 두 번, 총 9년 8개월밖에 머물 수 없다. 그러니 14년, 20년째 머물고 있는 이주 노동자들은 대개 불법 체류 신분이다.

이주 노동자의 권리가 곧 우리의 권리

하지만 이주 노동자들은 권리를 말하는 데 익숙하지 않다. 마석 지역의 '샬롬의 집'은 이주 노동자들을 돕는 단체다. 이주 노동자 대부분은 체불 임금 때문에 이곳을 찾는다. 지불을 약속한 공장

주가 번번이 약속을 어기면 가장 마지막 순간에 도움을 청하는 곳이다. 이때 이주 노동자들이 들고 오는 것은 달력. 임금 체불을 방지하고 정확한 체불 임금을 계산하기 위해 이주 노동자들은 달력 메모를 챙긴다. 일한 날, 일한 시간, 특히 휴일 근무 등을 달력에 꼼꼼히 적어서 나중에 이를 입증하는 수밖에 없다.

소규모 공장에서 출퇴근 기록기 같은 것이 있을 리 없고, 노동 전반을 관리하는 관리자도 없으니 자기 앞가림은 자기가 하는 수밖에. 이주 노동자들을 돕는 신부님은 몇 시부터 일을 했는지, 4시라고 적어놓은 것이 오후 4시인지 새벽 4시인지 확인해가며 체불 임금을 챙긴다. 샬롬의 집을 통하면 60퍼센트쯤은 임금 체불이 해결된다니 그나마 이주 노동자들이 의지할 만한 곳이다.

제작진이 만났던 핀투도 야근과 밤샘을 번갈아가며 고되게 일 했지만 두 달치 월급을 못 받고 있었다. 전화를 걸어도 잘 안 받고 어쩌다 만나면 사정이 어렵다, 곧 갚겠다는 말만 되풀이할 뿐, 끝내 떼이는 경우도 많다. 신부님은 서류를 하나하나 살피면서 대응책을 마련하고 핀투에게 이를 설명해주었다. 만약 지금 선에서 해결이 되지 않으면 노무사를 만나야 한다. 만일을 위해 위임장을 작성하고 샬롬의 집을 나오다가 또 다른 피해자 핫산을 마주쳤다.

핫산 역시 몇 달치 월급이 밀린 상황이다. 임금 체불이 해결될 기미가 보이지 않지만 그렇다고 일손 놓고 기다릴 수도 없는 상황이라 이들은 끊임없이 일한다. 조금이라도 일을 쉬어서 고향 집에 돈을 보내지 못하면 아이들은 학업을 중단해야 하고 끼니도 위태롭다. 서둘러 다른 공장을 찾아나서야 하는 이유다.

몇 달치 월급을 밀려 고향에 돈을 보내지 못한 핫산은 어머니 병원비가 밀려 치료를 못 받을까 봐 노심초사다. 오늘도 사장님께 전화를 걸어 애원해보지만 허사다. "전에는 월급이 밀려도 기다릴 수 있었는데, 엄마 병원비 밀리면 안 되니까 월급이 꼬박꼬박 나와야 해요." 이들이 살아가는 한국 사회에 이주 노동자를 위한 안전망은 없다. 한국인이라면 친척이나 친구 같은 사회적 관계망도 있고 선택지도 여러 가지가 있지만 이주 노동자들에게는 그런 것이 없기 때문이다.

일을 해도 그런데 일을 하지 않으면 더욱 기댈 곳이 없다. 그래서 이주 노동자들은 늘 야근을 고대한다. 오전 8시 30분부터 밤 10시 30분까지 14시간을 일하지만 다음 날 야근이 없을까 걱정이다. 힘들어도 일이 있을 때 해야지, 없으면 두 손 놓고 놀아야 하니까. 그렇게 돈 벌어 뭐하려고 하냐니까 빨리 집에 가야 한단다.

야근이 없는 날은 기도방에 모여 가족들의 안녕을 빈다. 며칠 전 통화할 때 몸이 안 좋아 보였던 아내를 위해, 나이 든 부모님의 건강을 위해, 아이가 더 높은 성취를 이루기를 오늘도 기도한다. 밀린 월급 때문에 돈을 못 보내니 어머니에게 전화드릴 면목이 없어 며칠째 집에 전화를 못 걸고, 고향의 어머니는 혹시 아들이 아픈 게 아닌지 걱정하는 악순환이 벌어진다.

이주 노동자의 가족권

한국에 체류하는 외국인은 2013년 기준 180개국 157만 6,034명. 이 가운데 방문 취업자 등 취업 자격 체류 외국인은 고작 34.8퍼센트인 54만 9,202명이고, 미등록 이주 노동자는 18만 명을 넘어섰다. 1990년대 초반 유입되기 시작한 이주 노동자들은 해마다 그 숫자가 조금씩 늘고 있다. 단속과 추방의 불안함 속에서도 마석을 떠나지 못하는 것은 고향 집에 두고 온 가족, 그리고 앞으로 이들이 꾸릴 가족의 안녕과 희망을 위해서다.

유엔은 1990년 12월 18일 제45차 유엔 총회에서 〈모든 이주 노동자와 그 가족의 권리 보호에 관한 국제 협약〉을 채택했다. 원하든 원하지 않든, 환영하든 환영하지 않든 세계 어느 곳에서나 이주 노동자는 존재하고, 그들에게도 어떤 조건에서든 마땅히 누려야 할 기본적인 인권이 있다. 유엔의 국제 협약은 이들을 보호할 목적으로 채택되었는데, 이주 노동자뿐만 아니라 그 가족에 대한 보호도 같이 규정하고 있다. 이주 노동자를 노동자나 경제적 존재만이 아닌 '가족을 가진 사회적 존재'로 바라본 것이다.

협약의 44조에는 가정이 사회의 자연적이며 기초적인 단위이고, 사회와 국가의 보호를 받을 권리가 있음을 인정하고 이주 노동자 가족의 결합을 보장하기 위해 적절한 조치를 취해야 한다고 규정하고 있다. 그리고 노동자와 가족의 국제적 이주에 있어서 인도적이고 적법한 상황을 촉진하는 조치(64~71조)에 관한 실체 규정과 협약 적용과 이행 및 실시 기관을 정하는 규정(72~78조)도 마련해놓았다.

노동력의 국제 이동이 자유로워져 전 세계 2억 2,300만 가량의 이주 노동자가 있는 지금, 이 협약은 세계 40여 개국이 비준하였으며 이들 국가는 이주 노동자뿐만 아니라 그 가족의 자유와 권리를 보호하고자 노력하고 있다. 2000년 유엔 총회는 이주 노동자 권리 협약이 제정된 12월 18일을 '세계 이주 노동자의 날'로 정했다. 이 날이 되면 각 나라 이주 노동자들을 그 사회의 일원으로 받아들이고자 매년 세계 곳곳에서 축제가 벌어진다. 하지만 우리나라를 비롯한 OECD 가입국들은 지금까지도 이 권리 협약을 비준하고 있지 않으며, 특히 우리나라는 이주 노동자의 노동조합도 인정하지 않고 있다.

이주 노동자 가족의 그림자

결혼 적령기에 접어든 이주 노동자들에게 결혼은 큰 고민거리다. 사회 통념상 너무 나이가 들면 결혼하기가 어려우니 한국에 거주하는 기간이 길어질수록 연애를 통해서보다 가족이나 지인의 소개로 결혼을 한다. 원격 결혼은 많은 문제를 일으키는데,

과거 우리 아버지 세대의 이주 노동이 그랬듯이 가족이 헤어져 있는 시간이 길어질수록 가족 해체나 붕괴가 더 쉽게 일어나기 때문이다.

고향에 처자식을 두고 아버지가 한국에서 일을 하는 경우, 아버지와 함께 보낸 시간이 적은 아이들은 아버지를 돈을 벌어다 주는 존재로만 인식해 가장들은 고향에 돌아간 후 집에 마음을 붙이지 못하는 일이 생기곤 한다. 실제로 한국을 떠나 고향으로 돌아갔다가 자신의 자리를 찾지 못해 다시 한국으로 돌아오는 이주 노동자들도 많다.

한국에서 맺어진 이주민 부부의 생활도 불안정하긴 마찬가지다. 이들 사이에서 태어난 아이들은 대한민국 국민이 될 수 없기에 의무 교육 등 필요한 지원이 제대로 이루어지지 않는다. 그래서 마일린과 로저 부부처럼 아이를 낳아 고향에 보내는 경우도 있는데, 낳자마자 떨어져 살게 된 아이들은 부모와 어색한 사이가 되는 경우도 많다. 한국에서 부모와 함께 지내다가 고국에 돌아간 경우도 아이가 현지에 적응하지 못해 어려움을 겪는다.

출생 등록은 한 인간의 출생과 존재를 법적으로 인정하는 공식 기록인 만큼 의료나 교육 등 사회적 서비스를 받을 수 있는 중요한 권리다. 그러나 우리나라는 불법 체류 노동자가 낳은 아이는 출생 등록을 할 수 없다. 어떤 이주 노동자 인권 단체들은 영국이나 이탈리아, 태국이 채택하고 있는 보편적 출생 등록을 채택해 불법 체류자의 아이들도 교육권이나 건강권 등의 권리를 보장받을 수 있도록 해야 한다고 말한다.

실제로 마석에서 살고 있는 아이들의 상황은 정말 열악하다. 부모님이 출근하면 아이들은 이주 노동자를 돕는 자원 단체가 운영하는 보육실에 맡겨진다. 이 아이들은 고국에도, 한국에도 출생 신고를 할 수 없어 제대로 된 공교육은 물론 의료 보험 혜택도 받을 수 없다. 게다가 단속이 뜨면 언제 잡혀갈지 모르는 상황이라 아이들은 '단속'과 '경찰'이라는 말을 가장 먼저 배운다.

제작진이 찾은 탁아실에는 이름표만 붙은 채 비어 있는 자리들이 많았다. 이는 모두 강제 출국 당한 부모를 따라 떠난 아이들의 자리였다. 그리고 이 자리는 또 다른 불법 체류 아이들로 채워진다. 함께 어울려 놀다가 어느 날 갑자기 나오지 않는 친구들을 보면서 남은 아이들은 위축된다. 하지만 오늘도 아이들은 엄마 아빠 나라의 말이 아닌 한국어로 노래를 배운다.

그럼에도 그들은 살아간다

마석에도 봄이 찾아왔다. 고향 음식을 구하기 쉽지 않은 탓에 요즘은 작은 텃밭을 가꾸는 사람들이 많아졌다. 처음에는 씨앗을 고향에서 우편으로 부쳐오기도 했지만 이젠 한국 화원에서도 쉽게 구할 수 있다. 필리핀 사람들은 페인트 통이며 플라스틱 통들을 모아 흙을 채우고 임팔라야, 오크 등을 심어 먹는다. 작은 텃밭에서 고향에서 먹던 작물을 자라는 것을 보면 마치 고향인 듯 정겹다. 시간이 나면 고향에서 하던 놀이를 한다. 방글라데시나 스리랑카에서 온 사람들은 크리켓을 하고, 필리핀 사람들은 농구를 하거나 권투 중계를 본다. 네팔은 축구를 좋아한다. 기도방도 이들이 많이 머무는 곳이다. 그리고 이 모든 것들은 고향과 가족을 향하고 있다.

얼마 전 전화 결혼을 한 나히드는 새 신부 생각만 해도 기분이 좋다. 방금 전에도 전화 통화를 마쳤다. 10년 동안의 이주 노동 끝에 이룬 가족의 꿈. "딸이나 아들이나 상관없이 아이를 둘쯤 낳아 행복하게 살고 싶어요. 결혼 서약했던 것처럼 서로 아플 때, 서로 힘들 때 도와주고 힘이 되어주면서 그렇게 살고 싶어요."

갑작스러운 단속으로 12년간 한국에 머물렀던 칸이 출국하게 됐다. 오래 정을 나눈 친구들은 한데 모여 묵묵히 짐을 챙긴다. 옷장은 텅 비었고, 요금 납부를 독촉하는 도시가스 고지서가 문틈에서 펄럭인다. 나히드는 마석에 들어온 후 만난 친구들 10명 가운데 8명을 떠나보냈다. 친구들이 강제 출국될 때마다 마음이 너무 아파서 밥을 제대로 못 먹곤 했다. 준비도 없이 빈손으로 떠나야 하는 친구 처지도 처지지만 언젠가 내 차례도 오겠지, 하는 생각이 든다. 내가 떠날 때는 누구 짐을 챙겨주나 그런 생각을 한다.

외국인 보호소에 구금된 친구에게 짐 가방을 옮겨주는 일이 1년이면 몇 번씩이나 있다. 이렇게 단속이 한 번 있고 나면 마석 일대는 적막해진다. 일을 끝내고 동네 가게 앞에서 친구들끼리 음식을 나눠 먹는 일도 없어진다. 한 달 이상 집과 공장만을 오가며 조용히 지낸다. 마석의 다른 이주 노동자들처럼 가족을 위해 한국에 왔던 칸. 어찌 됐든 집에 가게 되어 부모 형제들을 만난다고 생각하면 기쁘지만 아마 울게 될 것이다. 열악한 환경이었지만 좋은 사람들을 많이 만났고, 좋은 추억도 많이 만들었다. 단속 때문이 아니라 애초 목표를 다 이뤄 기쁜 마음으로 떠나는 것이면 더 좋았겠다 생각한다.

결혼 하루 만에 남편 곁을 떠나 홍콩으로 돌아가야 했던 간치히, 태어난 지 두 달 만에 엄마 아빠를 떠나 부모님의 고향으로 가야 했던 로드즈, 함께 일하던 친구들을 어느 날 갑자기 떠나야 했던 칸, 샬롬의 집 탁아실에서 사라진 아이들. 가족과 함께할 수 없는 고통과 언제 잡혀갈지 모르는 두려움에 가슴 졸이면서도 하루하루를 견뎌내는 이유는 언젠가 온 가족이 다시 모여 행복하게 살 수 있기를 바라는 꿈이 있기 때문이다.

가족을 위해 떠나왔고, 결국 자신의 가족을 꾸리는 게 꿈이라는 사람들. 이들은 마석에서 또 다른 가족을 만났다. 국가 간의 문화적 차이나 가혹한 법 제도를 넘어선 인간의 따뜻한 공감과 이해로 일군 이 따뜻한 공동체가 어쩌면 우리의 미래일지도 모른다. 핫산도, 로저도, 차마르도 오늘 밤, 모두에게 말한다. "저는 여기에서 잘 지내요. 거기 당신도 부디 그러하길."

02 *FAMILY SHOCK*

오래된 미래, 엄마의 땅

변화하는 가족

비혼자, 아이 없는 부부, 초고령 부부, 다문화 가족, 1인 가족, 조손 가정 등 다양한 형태의 가족이 출현하고 있다. 그래서 가족이라면 결혼한 부부와 자식으로 구성된 핵가족을 정상 혹은 이상으로 생각해왔던 기존 사회는 혼란을 겪고 있는 듯하다. 이렇게 가족 형태를 한 가지로 정하고 가족은 어떠어떠해야 한다는 가치를 기반으로 하는 것을 '가족 이데올로기'라고 한다. 가족 이데올로기는 부부가 된 남녀 역할, 부모와 자식 간 혹은 부부 간의 권력 관계, 가족 개개인의 존재 의미까지 규정해 그렇지 않은 가족이나 구성원을 배척한다.

특히 우리나라 가족 문화는 오랫동안 개인과 가족의 일체감을 강조해왔고, 가족을 위한 개인의 희생 또한 당연하게 여겨왔다. 서로의 인생을 지지하기는커녕 가족 구성원의 일방적인 희생을 요구하거나 철저한 무관심으로 상처를 주어도 가족이라는 이름으로 견뎌야 하는 일도 많았다. 그런데도 사회는 가장 이상적인 공동체로 가족을 들먹이며 가족 가치를 사회적 가치로 확산시킨다. 가족 같은 회사, 고객을 가족으로 모시는 기업. 하지만 지금의 개인화 경향은 일체감과 희생을 전제로 하는 가족을 견디지 못한다.

돈 벌어오는 것 외에 어떠한 자기의 긍정성도 느끼지 못하는 남편이자 아버지, 자식을 위한 희생 이외에는 자기를 향한 어떤 배려도 알지 못하는 어머니이자 아내, 그들은 가족 구성원 고유의 역할에 충실하지만 정작 당사자는 고유의 개체성이 부정되거나 소외된 삶으로 인해 내면에 불안과 억울함, 갑갑함과 우울감이 쌓인다. 이런 관계가 가장의 가족 살해나 동반 자살, 집착에 가까운 부모와 자녀라는 기이한 관계를 만들어낸다.

여기에 젊은 세대가 겪고 있는 경제적 불안정, 노년 세대가 겪고 있는 장기 부양의 부담은 이제까지 가족이 해온 계급 재생산과 소비 · 생산의 기초 단위 역할까지 어렵게 만들었다. 가장 한 사람이 벌어서 가족 구성원 전체의 교육, 양육, 주택, 보건, 노후 문제 일체를 해결할 수 있었던 시대는 이제 끝났다. 한편으로는 편의 시설과 교통 · 통신의 발달로 누구와의 교류 없이 혼자서도 살 수 있는 시대가 되자 더 이상 가족 안에서 부대낄 필요가 없어졌다. 이혼율 상승, 저출산, 비혼 등은 그동안 가족이 져왔던 모든 부담으로 인한 가족 피로가 임계점에 도달한 결과다. 그렇다면 가족은 해체되어야 마땅한가?

이데올로기가 아닌 공동체로서의 가능성

분명 과거에는 사회적으로도 개인적으로도 전통적인 가족 형태를 유지해야만 하는 요인이 분명히 있었다. 사적 폭력에 대한 대응, 노동과 경제 공동체로서의 가족. 하지만 전자는 공권력으로, 후자는 시장 경제에 의해 대체되면서 가족의 울타리를 벗어나더라도 개인이 충분히 혼자 살 수 있는 시대가 되었다. 실제로 1인 세대의 증가는 폭발적이고, 여기에 비혼이나 동거처럼 제도로서의 가족을 선택하지 않는 사람도 늘었다.

지금대로라면 20대 초반 5명 중 한 명은 평생 미혼으로 남을 전망이다. 〈혼인 동향 분석과 정책 과제〉(한국보건사회연구원, 2013)에 따르면 연령대별 미혼율이 계속 유지될 경우 20세 남자 중 23.8퍼센트가 45세 때까지 미혼 상태로 남는다고 예측할 수 있다. 여성은 18.9퍼센트로 남성보다 조금 낮을 뿐이다. 45세는 사실상 평생 미혼의 임계점이기 때문에 이때까지 결혼하지 못하면 이후는 평생 미혼으로 간주된다. 그렇다면 혼자 사는 것으로 충분할까?

이데올로기로서의 가족은 모순과 결함을 가지고 있을지라도 '가족' 그 자체는 그렇지 않다. 가족은 인간이 가지고 있는 가장 근원적인 욕망이자 보편적인 본능인 소속감의 근원이다. 또한 불확실한 미래와 환경 속에서 개인의 유일한 위안처이며 근거지다. 그 역할을 무엇이 대신해줄 수 있을까? 그래서 가족의 가치나 의미는 없어져야 하는 것이 아니라 재정의되어야 한다.

이미 가족의 시작인 결혼이 사랑 이외의 다른 목적을 갖지 않게 된 때부터 가족의 중심은 권위나 책임이 아니라 정서적 결속감과 사랑이 되었다. 이제 새로운 형태의 가족은 서로에 대한 책임과 의무만 과도했던 전통적인 혈연 중심의 가족 대신 서로의 인생에 대한 지지와 소통으로 만들어진 연대와 공존의 관계로 변화하고 있다. 몇 끼의 식사를 함께하는 것만으로 공존과 연대의 가능성을 보여줬던 3부의 '식구의 탄생' 실험은 어쩌면 앞으로 가족이 지향해야 할 공동체로서의 미래일지도 모른다.

핏줄에 집착하지 않으면서 서로가 서로를 돌보되, 소통을 통해 공존하는 사회. 그 사회를 만나기 위해 우리가 찾은 곳은 아직도 모계 사회의 전통을 유지하고 있는 남태평양 남서부에 위치한 산호섬 키리위나다. 지금까지 문명사회에 잘 알려져 있지 않았던 신비의 섬 키리위나에서 자연의 풍요로움을 나누며 혈연이 아닌 이웃을 서로 돌보며 행복하게 사는 사람들을 만나보자.

공존의 땅, 키리위나 사람들이 살아가는 법

공동 창고를 먼저 채우는 사람들

1,800년대 독일과 영국, 호주 등 여러 유럽 국가들의 식민지였던 남태평양 파푸아뉴기니 키리위나의 오카이보마 마을엔 약 500여 명의 주민들이 살고 있다. 오늘은 1년 중 가장 큰 마을 축제인 '싱싱(노래와 춤) 축제의 날'이다. 마을 사람들은 전통 복장을 갖춰 입고 얼굴에 화장을 한다. 할머니들은 정성스레 아이들의 얼굴에 검은 선을 그리고 하얀 점을 찍고 붉은 칠을 한다. 팔에는 나뭇잎을 꽂고 꽃을 엮어 머리에 얹었다. 아이들 치장이 끝나자 할머니들은 자신의 얼굴에도 정성껏 화장을 한다. 각자 가장 아름다운 모습으로 신에게 풍년을 기원하는 것이다.

> 신이시여 비를 내려주소서
> 찬란한 햇빛을 비추소서
> 그리고 풍년이 되게 하소서

마을 사람들이 둥글게 돌며 전통 악기를 연주하며 노래한다. 오늘은 한 해 농사를 지은 얌을 수확하는 날, 수확의 기쁨을 함께 누리는 날이다. 고구마처럼 생긴 구황 작물 얌은 키리위나 사람들에게 주요 식량원이자 재산이다. 키리위나 사람들은 이 얌

싱싱 축제의 날을 준비하는 키리위나 사람들.

을 주식으로 먹을 뿐만 아니라 화폐 대신 쓴다.

인류학자 리누스 교수(파퓨아뉴기니 국립 대학 사회인류학과)는 키리위나에서 얌이 갖는 의미를 다음처럼 설명한다. "키리위나에서 얌은 거의 모든 것이라 할 수 있습니다. 얌이 없는 사람은 아무것도 아닌 거죠. 얌은 음식이며 나와 내 그룹의 이름이기도 합니다. 얌으로 무역과 교환을 할 수 있고, 또 얌은 사회적 지위이죠. 나의 이름을 알리고 싶다면 더 많은 얌을 재배하면 됩니다." 특이한 것은 이들은 사유 재산을 갖고 있음에도 수확한 얌 중에서 가장 좋은 것을 마을 공동 창고에 모은다는 것이다.

솔직해서 아름다운 사랑 방식

마을 잔치가 있는 날은 여성들이 마음에 드는 남성을 골라 연애를 할 수 있다. 고요한 밤의 적막을 깨는 청년들의 세레나데에 소녀들은 수줍은 미소를 띤다. 그러면서도 누가 자기 짝일지 곁눈질을 하다가 마음에 드는 남자와 슬그머니 자리를 비운다.

> 소녀와 함께 사랑의 숲으로 가요
> 사랑의 숲에서는 웃음이 끊이지 않죠
> 오늘도 내일도 소녀와 함께 사랑을 속삭여요

며칠 후 아침, 마을에 나무 방망이 소리가 울린다. 방망이 소리를 듣고 마을 광장으로 모이는 여인들. 여인들이 모두 모이자 마을의 여성 대표인 모끌라바가 콘돔을 꺼내더니 설명을 시작한다.

"오늘 제가 여러분에게 콘돔이라는 것을 보여드리려고 하는데요. 콘돔을 사용하지 않으면 임신을 하게 됩니다. 하지만 콘돔을 사용하면 원치 않는 임신을 피할 수 있어요."

남자 선택의 주도권을 여성이 가지고 있고, 그래서 키리위나 여인들은 성에 대해서도 감추거나 숨기지 않는다. 여성 자신의 건강을 위해, 또 가족을 잘 이끌기 위해 콘돔을 받아 활용하는 것이 전혀 부끄럽다고 생각하지 않는다. 키리위나 섬에서 여성들은 남성 못지않은 힘을 가지고 있다.

모끌라바는 족장 딸로 상당한 부를 가진 여성이다. 다른 마을로 시집을 갔지만 지금도 자주 부모에게 물려받은 고향 마을을 오가며 얌밭을 살핀다. 후손과 부족의 생존을 위한 투자다. 모끌라바는 아버지뿐 아니라 어머니로부터도 땅을 물려받았다.

권리와 의무는 모두에게 있다

키리위나에서는 여성들이 밭에서 일을 하는 동안 남자들은 물고기를 잡으러 간다. 가족과 공동체를 부양하기 위한 노동 장소의 구분만 있을 뿐 여성과 남성은 똑같이 책임과 의무를 진다. 루이따따와 함께 길을 나선 아버지 루까스는 오늘따라 기분이 좋다. 어느새 장성해서 낚시를 배우러 나선 아들이 자랑스러워서다.

아버지는 외할아버지가 얼마나 훌륭한 낚시꾼이었는지 이야기한다. "오늘은 외삼촌이 낚시하는 법을 가르쳐줄 거야. 잘 보고 배워서 훌륭한 낚시꾼이 돼야 해." 키리위나에서 남자아이들은 아버지가 아닌 외삼촌에게 사냥하는 법을 배운다. 어머니는 딸에게 농사 기술과 땅을 물려주며 전통과 삶의 지혜를 아래 세대로 이어간다.

힘차게 노를 젓는 루이따따와 도미니의 배를 보며 아버지 루까스는 손을 흔들어 배웅한다. "잘 다녀와. 몸조심하고. 넌 잘 할 수 있을 거야." 첫 도전에 나선 아들에게 아버지는 격려를 잊지 않는다.

키리위나에서 남자아이들은 외삼촌에게 사냥하는 법을 배운다. 루이따따도 외삼촌 도미니에게 낚시를 배우기로 했다.

　앞으로 나가는 루이따따를 뒤따르던 외삼촌은 곧 멈추라는 신호를 보내고 배를 가까이 붙인다. 바다 한가운데서 낚시 수업이 이어진다. 어구를 흔들어 생선을 유인하는 낚시법이다. "더 세게 흔들어, 더 세게. 멈추지 말고." 거친 바다 위에서 오늘 루이따따는 자신의 가족을 위해, 또 부족을 위해 강인해지는 법을 배운다.

　바다에 나가기만 하면 손쉽게 식량을 구할 수 있지만 키리위나에선 먹을 것보다 더 많은 고기를 욕심내지 않는다. 어머니는 아들의 첫 수확인 생선으로 아들을 위해 음식을 준비하고, 아버지는 과일을 준비해 함께 낚시를 나갔던 부족 남자들을 대접한다.

　곧 혼자서도 능숙하게 낚시를 하게 될 루이따따는 하루 동안 성큼 자랐다. 고기 잡는 법부터 상어 잡는 법까지 외삼촌은 조카에게 키리위나에서 살아가는 법을 가르칠 것이다.

작은 일도 협의하는 문화

오늘은 마을 공동 의회가 있는 날. 족장은 의논할 일들이 많으니 다양한 의견을 적극적으로 내달라고 한다. 마을 공터에는 어린 아이부터 여성들까지 모두 빠짐없이 모였다. 마을 주민인 메칼라이가 손을 들고 일어나며 먼저 안건을 제의한다.

"몇 년 전 저는 환자를 돌봐주고 그녀에게서 땅을 선물로 받았습니다. 하지만 그녀가 죽으면 땅은 가족에게 상속된다고 합니다. 이 문제를 좀 해결해주세요."

땅의 소유권을 갖게 해달라는 의견이다. 공증을 받은 유언장만 있다면 간단한 일이겠지만 법이 없는 이곳에서는 사람들의 의견을 통해 해결한다. 마을 사람인 모사바코는 원래 땅을 소유한 사람이 사망하면 그 딸이나 가장 가까운 친척이 물려받기 때문에 땅의 소유권에 대해 친척들의 의견을 들어보는 게 맞다고 생각한단다.

하지만 또 다른 주민인 레도가는 땅의 원 소유주인 환자의 의견이 더 중요하다고 말한다. 그 사람이 물려주고 싶은 사람에게 땅이 돌아가야 하지 않겠냐는 의견이다. 땅은 생존과 직결되기 때문에 분쟁의 소지가 있는 민감한 사안이다. 이렇게 의견이 분

분할 때는 문제 해결을 위해 마을 어르신들이 나선다.

모하바호 할아버지는 이렇게 말한다. "땅은 수확을 위해 필요한 것입니다. 땅을 선물로 받은 사람이 농사를 지어 수확물을 가족에게 일부 나눠 준다면 땅을 누가 갖든 큰 문제는 없다고 생각합니다." 땅은 재산이 아니라 수확, 즉 생존을 위해 필요한 것이니 그 수확을 잘 나눈다면 소유권이 누구에게 있는가 하는 문제는 중요하지 않다는 것이다.

마을의 주민인 할스는 딸이 도시로 나가기 위해 차를 빌렸는데 값이 300키나이고, 이 돈을 지불해주기로 한 마을에게 빨리 지불해달라고 요청하였다. 더부야이는 알록타오로 가는 뱃삯 100키나를 건넛마을 사람에게 빌려주었는데 아직 갚지 않는다며 이 문제를 해결해달라고 하소연한다.

의견이 있는지 묻는 족장에게 마을 주민 부쿠마는 믿고 기다려보면 어떻겠냐며 신뢰를 강조한다. 마을 의회에서는 개인적인 문제뿐만 아니라 아이들 학교 문제, 마을의 공동 재산 문제도 의논한다. 족장 두쿠가 마무리를 한다.

"저는 오늘 매우 행복합니다. 오카이보마 어른들이 현명한 결정을 내렸기 때문이죠. 또 분쟁 없이 여러분이 동의해주셔서 감사합니다. 이제 모두 손을 맞잡고 얌 농사를 지어 오카이보마의 더 나은 미래를 만들어 나갑시다."

약자를 돌보는 일과 공공 물건 관리는 모두 함께

나뭇가지로 만든 뼈대 위로 코코넛 잎을 덮는 집짓기가 한창이다. 누구를 위한 집일까? '블레올라'라고 부르는 이 집은 이웃 사람들이 무역 등을 위해서 마을에 왔을 때 머물며 이야기를 나누는 장소다. 또 족장과 얘기하고 싶은 사람은 누구든 이 장소를 이용할 수 있다. 한마디로 누구나 사용할 수 있는 공공장소다. 이렇듯 이 마을에서는 마을의 공공재를 위해 주민들이 스스로 나선다.

이동과 무역에서 중요한 역할을 하는, 마을에 하나뿐인 트럭을 돌보는 일도 마찬가지다. 마을 청년들은 트럭을 수시로 살펴보고 바람이 빠진 타이어에는 바람을 넣는다. 물론 따로 비용을 받지는 않는다. 모두가 이용하는 물건에 대해 이들은 너나 할 것 없이 다 주인이라고 생각한다. 함께 공공재를 마련하고 유지하는 일은 키리위나 사람들에겐 아주 중요하고 당연한 일이다.

키리위나의 대족장 무라 아쉬데미는 말한다. "키리위나의 문화는 사람을 사랑하는 것입니다. 누구 한 사람이 아닌 모두가 행복할 수 있도록 노력하는 것이죠. 이것이 대를 거쳐 내려오는 우리의 전통 문화입니다."

공동육아와 교육의 힘

양육은 다음 세대를 책임질 가장 중요한 일이다. 하지만 키리위나에서는 이 일을 개별 가족이나 여성 혼자만의 책임으로 두지 않는다.

키리위나 마을은 족장의 얌 창고를 중심으로 집들이 둥글게 모여 있는 구조다. 마을 중앙엔 사랑방이 있는데, 이곳은 여성들이 함께 모여 집에서 할 수 있는 일을 하며 마을 아이들을 돌보는 곳이다. 마을 여인들이 모인 사랑방은 오늘도 수다로 화기애애하다. 이웃 마을에 선물할 바나나 잎 치마를 만드는 여성들은 모두 품에 아이를 안고 있다. 자기 아이뿐 아니라 밭에 나가 일하고 있는 여성들의 아이들도 모두 돌본다.

교육도 마찬가지다. 키리위나에도 서구 문명에 의한 변화의 바람이 끊임없이 일어나고 있고, 키리위나 사람들도 학구열이 뜨겁다. 키리위나에서 공부를 잘하면, 그 아이는 마을 사람들이 모은 기금으로 도심의 학교에 진학할 수 있다. 부모들 역시 아이들이 좀 더 공부하여 도시에서 살면서 고향에 도움이 되는 사람이 되길 바란다. 립시의 어머니 역시 공부 잘하는 딸을 도시로 유학을 보냈다. 립시는 트로브리안드 섬에 있는 학교를 마친 후 알록타오에서 좀 더 수준 높은 과정을 배우고 있다. 립시 어머니 와블라의 친정 오빠들 도움 덕분이다. 시골 마을에서 도시로 유학을 보내는 것은 쉬운 일이 아니다. 새삼 고마운 마음에 눈물을 흘리는 와블라 옆에서 립시의 외삼촌 바수오는 "음식이나 생선이나 돈, 우리는 어떤 것이든 나눕니다. 동생이 도움을 청하면 돕는 게 당연하죠"라고 대수롭지 않다는 듯 말한다.

언제 어디서나 반가운 원톡

자식들이 도시에서 성공하길 바라는 부모들은 공동체의 도움을 받아 알록타오 지역으로 보낸다. 알록타오에서 우수한 학생들만 선발하는 카메론 고등학교에서 공부하는 아이들은 모두 어려운 입시를 통과한 수재들이다. 키리위나에서 온 립시도 누구보다 열심히 공부한다. 부모님과 자신을 도와주는 친척들에게 은혜를 갚는 길은 열심히 공부하는 것뿐이라고 생각한다.

시대가 변하면서 최근 키리위나 여성들은 립시처럼 진취적으로 자신의 길을 개척해 사회에 진출하기를 원한다. 그래서 도시 학교에도 여학생 비중이 높아졌고, 도시에서 일하는 여성도 많아졌다. 공공기관에서 일하고 있는 바네사 역시 키리위나 출신이다. 바네사는 키리위나 사람들이 모두 원하는 도시 생활을 하고 있지만 키리위나의 정서를 잊지 않으려 한다.

"도시에 살면서 일하는 것이 행복하지만 마냥 그렇지도 않아요. 도시에서는 공짜로 얻는 것은 하나도 없고 뭐든 돈을 내야 하죠. 뭐든 함께 나누는 마을과는 달라요. 필요한 것을 얻으려면 돈이 필요한 이곳보다 저는 모든 것이 공짜인 마을의 삶이 더 좋아요."

모든 것이 계산적이 될 수밖에 없는 도시의 삶이지만 바네사는 이곳에서도 키리위나식으로 살아간다.

오늘은 바네사의 봉급날, 넉넉하지는 않지만 약간의 저축을 하고 남은 돈을 고향 집에 부칠 수 있어서 뿌듯하다. 주머니가 두둑하니 퇴근하는 발걸음도 가볍다. 그런데 필요한 생필품을 사러 들어간 슈퍼마켓에서 '원톡'을 만났다. 원톡은 같은 언어나 같은 문화를 가진 사람을 의미한다. 물건을 사고 계산을 하면서 바네사는 지폐를 잔돈을 바꿨다. 원톡에게 선물을 하기 위해서다. "우리 문화에선 오랫동안 만나지 못했거나 내가 풍족할 때, 누군가를 보면 반갑고 그리웠다는 의미로 무언가를 줍니다. 일종의 감사한다는 뜻이죠. 이것은 관대함을 나타내는 풍습입니다."

나눌 수 있는 능력에 감사하며 사는 키리위나 사람들은 베푸는 삶의 기쁨을 알고 있다.

가족의 근본 가치 5가지

함께 일하고 함께 나눈다

풍년 기원 세리머니를 마치고 얌을 수확한 키리위나 사람들은 먼저 가장 좋은 것을 골라 마을 족장 소유의 얌 창고에 저장한다. 마을 사람들은 전체 수확의 3분의 1을, 그것도 크기가 크고 특히 품질이 좋은 얌을 골라 족장의 창고로 가져간다. 가는 동안에도 연신 바다와 땅, 하늘의 신에게 풍성한 수확에 대한 감사를 바친다. 얌을 가득 담은 바구니를 머리에 인 마을 사람들이 구령에 맞춰 줄지어 이동한다.

마과에 속하는 얌은 기온이 높은 키리위나에서 쉽게 상하지 않는 유일한 저장 음식이다. 자신의 땅에서 자신의 노동으로 얻은 수확물을 왜 자기 집 창고가 아닌 족장의 창고에 먼저 가져가는 것일까? 마을 부족장 굴레레꾸는 족장 창고의 얌은 필요할 때 이웃들과 나눌 공동 식량이라고 설명해준다. 마을 주민 전체를 위한 비상식량인 것이다.

족장의 창고가 마을 정중앙에 있는 이유는 마을 사람 누구라도 도움이 필요한 사람은 도움을 청할 수 있게 하기 위해서다. 배가 고픈 사람이라면 언제든 족장에게 도움을 받을 수 있다. 연세대 문화인류학과 조한혜정 교수는 만일에 대비해 얌을 저장하는 족장의 창고는 세대를 양육하고 부양하는 인류의 지혜가 압축된 곳이라고 설명한다. 족장의 창고는 족장의 소유를 나타내는 것이 아니라 족장이 가장 많이 기부하고 관리한다는 의미에서 족장의 곳간일 뿐이다.

그곳은 족장의 사적인 공간이 아니라 공공장소다. 이것은 스스로 얌을 수확할 수 없는 사람들, 너무 어리거나 늙은 사람들을 돌볼 수 있는 일종의 보험이다. 젊어서 열심히 일하며 마을에 기여해온 사람들은 이런 공간이 있는 한 걱정할 필요가 없다. 인류는 이런 지혜를 통해 지금까지 존속해왔는데, 현대 사회는 그것을 각자도생의 과업으로 만들어버렸다.

함께 생산하고 자유롭게 사랑한다

키리위나의 여성들은 땅의 소유권을 갖는다. 척박한 땅의 돌을 고르고, 얌을 심고, 김을 매는 모든 일에 참여한다. 이곳에는 남자 밭과 여자 밭이 따로 있고, 여자 밭에서 수확한 것으로는 가족을 부양하고, 남자 밭은 어머니나 여자 형제에게 물려받은 것이기에 수확물을 땅 주인인 어머니나 여자 형제에게 가져다준다. 그리고 밭은 다시 딸에게 상속된다. 어머니는 딸에게 땅을 일구고 얌을 재배하는 법을 가르치고, 딸들은 땅을 보존해 다음 세대로 전달한다. 딸들은 가족 부양에 대한 책임감도 크다. 오늘도 딸 메리와 함께 얌밭에 나온 엄마 엘린은 말한다. "여성의 일이 무엇인지 알게 하기 위해 전 딸을 가르쳐요. 그린, 타롤, 얌 씨앗 등을 심습니다. 딸은 제 가르침대로 미래의 가족들을 위해 얌 농사를 잘 짓게 될 겁니다."

아들들은 낚시 같은 남자들의 일을 외가로부터 배운다. 나눔에 익숙한 이들이지만 낚시 법만큼은 아무에게나 가르쳐주지 않는다. 리누스 교수는 생존 기술과 직결되는 낚시 법은 일종의 주술이기 때문에 한 집단은 그것을 끝까지 지키려 한다고 설명한다. 남자와 여자가 모두 공동체에 그 나름의 방식으로 이바지하며 균형 있는 공동체를 이루는 것, 이것 역시 우리가 잊고 있는 가치가 아닐까.

모든 일은 함께 의논한다

키리위나 사람들은 법 제도가 아닌 그들만의 방식으로, 공동체를 유지한다. 아이들 학교 문제나 공공재 유지 보수 같은 공동체 문제는 반드시 마을 전체가 협의를 거쳐 합의점을 찾는다. 특히 교육처럼 다음 세대를 키워내는 역할을 하는 분야에서는 공동체의 지원을 요청할 수 있고, 공동체는 마음을 다해 돕는다. 마을 전체와 관련된 중요한 안건은 마을 사람 전원의 즉석 투표로 결정하며, 투표 결과는 정확하게 이행한다.

공동 의회에서 결정하는 일 가운데 경제와 관련된 일들은 자본주의 사회를 살아가는 사람들에게는 선뜻 이해가 되지 않는다. 수확물만 잘 나누면 땅의 소유권이 누구에게 있는지는 중요하지 않다는 의견에 이견이 없는 것도 그렇고, 개인이 썼지만 혼자서 해결할 수 없는 비용이나 부채 문제를 마을 공동이 해결해나가는 것도 그렇다. 개인은 개인이되, 공동체의 일부라고 생각하기 때문이다.

심지어 한 달 간 마을에서 벌어들인 수익금도 마을 전체 주민이 공평하게 나눈다. 족장은 동전 하나까지 세서 불편부당함이 없도록 최선을 다한다. 더 특이한 것은 족장이 호명해서 나온 사람이 돈을 받고는 그것을 다시 다른 사람에게 전달하는 분배 방식이다. 이런 식으로 여러 사람을 거쳐 돈을 나눠주는데, 나누는 기쁨을 함께 느끼기 위해서라고 한다.

조한혜정 교수는 이와 같은 소통의 자리가 공동체 문화에서 얼마나 중요한지 강조한다. 키리위나 사람들에겐 이야기하고 들을 수 있는 소통의 자리가 늘 마련돼 있다. 그리고 그런 자리는 형식적인 자리가 아니라 실제 문제를 해결하는 자리다. 이런 일이 가능한 것은 이곳이 법이나 제도보다 사람을 귀하게 여기는 사회이기 때문이다.

마을 전체의 문제뿐 아니라 개인의 문제까지도 모두 회의의 안건이 되는 키리위나의 마을 의회는 진짜 소통의 장이다. 사람들이 모여서 의논하는 능력, 그 과정을 통해 합리적인 해결 방안을 도출하는 절차는 이제 현대 사회에서 찾아볼 수 없는 모습이 되었다. 오늘날, 우리가 겪고 있는 이 많은 문제들은 법과 제도의 부족함보다 어쩌면 소통하려는 노력이 부족해서 나타나는 것인지도 모른다.

선함의 순환을 믿는다

키리위나에서 마을의 약자들을 돌보는 것은 마을 전체의 책임이다. 마을 여인들이 먹을거리를 싸들고 몸이 아파 며칠째 일어나

지 못하고 있는 록시나 할머니를 방문했다. "많이 드시고 힘을
내세요. 새콤한 걸 먹으면 식욕이 돌아요." 먹을 걸 챙기고 나서
할머니 얼굴을 물수건으로 꼼꼼히 닦아준다. 키리위나 사람들은
마을에 아픈 사람이 있거나 홀로 사는 노인이 생기면 모두가 함
께 돌본다.

이런 곳에서는 고독사도, 1인 가구도 없다. 소외된 사람도 없
다. 사회적 약자를 보호하고 돌보는 문화가 대대손손 교육을 통
해 이어지고 있기 때문이다. 이들은 이런 돌봄 문화가 건강한 사
회를 이어가게 하는 힘이라 믿고 있다.

'쿨라'라는 교환 방식 역시 선함의 순환이다. 자신의 마을에서
생산한 것들을 이웃 마을과 나누는 쿨라는 문명사회의 무역과는
그 성격이 다르다. 전통 복장으로 치장한 여인들과 남자들이 쿨
라 교환에 가져갈 물건들을 이고 왔다. 그 물건들은 값비싸고 화
려한 것이 아니라 얌과 나무토막, 조개껍질로 만든 장신구들이
다. 비교 우위에 있는 상품을 가져가 이윤을 남기고 파는 무역과
달리 쿨라는 이웃과 교류하기 위한 일종의 선물이기 때문이다.
나눔의 순환이라고 할 수 있다.

쿨라는 특히 바람이 부는 쪽 섬마을로 전달된다. 쿨라를 받은
섬은 또다시 바람이 부는 방향의 섬에 선물을 전한다. 이렇게 돌
고 돌다 보면 쿨라는 결국, 키리위나 사람들에게 돌아오게 된다.
쿨라는 공존의 삶을 유지하려는 이곳 사람들의 지혜의 결정체

키리위나에서 무역은 경제 활동이 아니라 선함의 순환이다.

다. 이곳에서 쿨라는 리누스 교수 말대로 밖으로 나가 관계를 만들고 더 큰 사람으로 성장한다는 의미를 지닌 전통인 것이다.

키리위나의 삶의 방식은 '서로 돌봄'이다. 조한혜정 교수에 따르면 이런 서로 돌봄은 인간이 살아가기 위해 꼭 필요한 자존감을 키워준다. 도움을 받고 그것에 감사하고 나중에 자신도 남에게 도움을 주는 사람이 될 거라고 생각하는 일은 자신의 존재 가치에 대한 확신으로 이어진다. 바로 이런 인간 삶의 기본에 대한 감각을 회복하는 것이 무엇보다 중요하다.

다음 세대의 교육을 함께한다

키리위나에서는 내 아이와 남의 아이의 구분이 없다. 이웃이면

이웃의 아이들을 돌보고 있는 키리위나 여성들. 키리위나에서는 이웃이면 누구나 모든 아이들의 엄마가 된다.

누구나 엄마가 된다. 아이 맡길 곳이 없어 전전긍긍하지 않아도 되고, 믿을 만한 사람을 찾아 동동거리지 않아도 된다. 누군가 도움이 필요하다면, 그것이 누구든 상관없이 서로 돕고 의지하며 살아가는 것이 키리위나의 방식이다.

공부가 더 필요한 아이인데 돈이 없으면 친족과 공동체가 지원한다. 혜택을 받은 아이들은 그것을 사적인 이익을 위해서가 아니라 공동의 이익을 위해 사용하고자 노력한다.

물론 키리위나도 점점 달라지고 있다. 사적 소유권의 개념이 나타나고, 땅과 호흡하며 살아가기보다 도시에서 봉급생활자로 일하고 싶어 한다. 잉여 생산물이 많아지면 이곳에서도 선물이 아닌 진짜 무역이 나타나고 재산을 축적하는 사람들이 나타날지도 모른다. 하지만 그렇다고 해서 키리위나가 보여준 공동체로서의 가치가 퇴색되는 것은 아니다. 우리도 키리위나가 되자거나 원시 공동체로 돌아가자는 주장이 아니라 가족이 처음 만들어질 때의 기본 가치가 어떤 것이었는지를 돌이켜보자는 것이다.

새로운 관계의 가족을 위하여

오늘은 크리켓 경기가 있는 날. 전통 복장을 한 남성들이 커다란 공터에서 큰소리를 내면서 전진한다. 소리로 마치 상대의 기선을 제압하려는 듯 보인다. 이웃 마을 남자들이 크리켓 경기를 청했기 때문이다. 이런 대항전은 마을 간의 갈등을 해결하는 방법이다. 평화를 유지하는 방법도 역시 키리위나답다.

사랑과 평화와 기쁨이 있으라

대족장 무라 아쉐데미는 키리위나가 사랑과 평화와 기쁨이 있는 섬이며, 친구와 이웃을 사랑하고, 누구든 곤경에 처하면 돕는 것이 당연하다고 한다. 이런 순환의 과정을 통해 키리위나는 영원한 사랑과 평화, 기쁨을 이어갈 것이다. 대족장의 말처럼 키리위나 사람들에게 가족은 혈연을 중심으로 뭉친 배타적인 집단이 아니다. 마을 사람 모두가 서로를 돌보고 돕는 가족이다. 그들은 혼자 더 많이 갖는 것보다 함께 나누는 것에서 더 큰 행복을 찾는다.

이곳에도 예외 없이 변화의 물결이 찾아오고 있지만 여전히 그 행복의 가치를 알고 보존하려 한다. 이 공동체가 가지는 의미는 달라지고 있는 가족, 그리고 달라지는 가족의 역할을 복지라는 법과 제도로 대신하고 있는 현대 사회에서 다시 한 번 생각해 봐야 할 원론적 가치다.

근대에는 가족만 있어도 살았지만 후기 근대에는 마을 없이는 살아갈 수 없을 거라 전망한 조한혜정 교수는 키리위나의 삶을 보면서 개인화 시대에 되살려야 하는 서로 돌봄과 소통의 가치를 짚어냈다. 근대를 압축적으로 경험하고 고도의 글로벌 자본주의 체제에 포획된 우리나라는 '경제'가 모든 가치의 압도적 우위를 차지하면서 '돈'이 신뢰나 돌봄 같은 상호 호혜적 관계를 급격히 소멸시키고 있다. 하지만 인간의 생존에 소통과 나눔은 필수다. 미래에는 이런 가치의 회복이 꼭 필요하다.

왜 가족 이야기가 공동체로 이어지는가?

가족 이야기가 이렇게 공동체 이야기로 넘어가는 것은 자연스럽다. 예전과 같은 가족의 형태와 의미를 더 이상 찾을 수 없게 된 지금, 무엇보다 필요한 것은 핏줄이 아닌 관계이기 때문이다. 단순히 한집에 사는 것만으로 가족이 되는 시대는 끝났다. 가족은 서로의 인생을 지지해주는 '공동체'다. 과거를 공유했더라도 만약 그 과거가 불행했다면 새로운 관계를 만들 수도 있다. 학교 친구나 오랫동안 함께한 직장 동료도, 그 밖에 다양하게 맺어지는 인간관계도 넓은 의미의 가족이라고 할 수 있다. 식구 실험에서 본 것처럼 타인이 가족이 되는 것은 불가능한 일이 아니다.

엘리자베트 벡 게른샤임은 가족 이후에 무엇이 오는가라고 묻고, 가족 이후에 가족이 온다고 답했다. 그때의 가족은 역할에만 충실하면서 서로 의존하고 상처를 주고받는 가족이 아니라 서로의 차이를 인정하고 개체성을 인정하며 존중하고 협력하는 새로운 가족이다. 과거 가족 내에서 해결하다가 공공의 영역으로 넘어가면서 복지라는 이름으로 제도화된 양육, 주택, 교육, 노후 문제를 서로 돌보는 새로운 가족이다. 가족 이후에는 새로운 가족이 온다. 우리는 새로운 가족이 될 준비가 되었는가?

새로운 가족이 온다

가족은 마땅히 이러저러해야 한다, 즉 아버지는 돈을 잘 벌어와야 하고, 어머니는 집안 살림을 윤나게 하면서 남편을 보필하고 아이들을 잘 키워야 하며, 아이들은 부모님 말에 순종하고 공부를 잘해야 한다는 것은 오랫동안 통용되어온 우리나라 가족 이데올로기다. 국가 정책 또한 가족 단위로 만들어진다. 미디어에서도 부모와 자녀로 구성된 가족생활이 '정상'인 것으로 그려지고, 학교 같은 사회 기관도 아버지 역할, 어머니 역할, 자식의 역할을 나눠 맡는 식으로 가족과 비슷한 형태로 운영된다.

이런 가족 이데올로기에 비추어 보자면 지금의 가족은 위기다. 아버지와 어머니, 자녀로 구성된 가족이 점점 줄어들고, 한 부모 가정이나 비혼, 동성 부부까지 등장했다. 그런데도 모든 구성원을 언제든 안아주는 가족이라는 신화적 개념은 더 공고해지고 있다. 가족을 한껏 치켜세우는 이런 분위기가 사회 불안과 미래의 불확실성이 높아지면서 가족에게 그 부담을 전가하려는 술책일 뿐이라는 냉소적인 반응도 있다. 사회 불안이 심화될 때마다 비슷한 분위기가 조성되는 것으로 봐서는 맞는 말이기도 하다.

사회의 한 요소로 가족은 사회의 모순에 맞닿아 있어 때로 개인들을 억압하고 희생을 강요한다. 하지만 가족은 이런 모순과의 결별을 통해 본래 의미로 얼마든지 재생할 수 있다. 어떻게 보면 〈가족 쇼크〉는 가족의 상실이나 소통 부재의 부모와 자녀, 1인 가족, 고독사, 이주 노동자 문제 등 현대 가족의 어두운 모습만을 보여주었는지 모른다. 하지만 이것은 이제까지 가족은 마땅히 이러저러해야만 한다는 이데올로기를 뒤집어 보여준 것이다.

개인적 차원에서 부모가 아이를 독립된 인격체로 양육하고(프랑스 육아), 가족 구성원들이 서로를 존재 자체로 긍정하고 무조건적으로 사랑하는 것(세월호의 남겨진 부모와 호스피스 환자 가족의 당부), 그리고 사회적 차원에서 서로가 서로를 돌보는 공동체 연대(식구 실험, 고독사), 교육이나 노후 부담, 가족 보호의 사회적 책임(키리위나 사람들, 이주 노동자들의 생활) 등을 통해 더 완전한 가족을 이룰 수 있음을 보여준 것이다. 이런 깨달음이 내가 속한 가족의 변화, 나아가 사회의 점진적인 변화로까지 이어지길 간절히 바란다.

참고 도서

〈가족의 두 얼굴 : 사랑하지만 상처도 주고받는 나와 가족의 심리테라피〉, 최광현 지음, 부키, 2012
〈가족의 발견 : 가족에게 더 이상 상처받고 싶지 않은 나를 위한 심리학〉, 최광현 지음, 부키, 2014
〈무연사회〉, NHK 무연사회 프로젝트팀 지음, 김범수 옮김, 용오름, 2012
〈이케아 세대, 그들의 역습이 시작됐다─결혼과 출산을 포기한 30대는 어떻게 한국을 바꾸는가〉,
전영수 지음, 중앙북스, 2013
〈기획된 가족 : 맞벌이 화이트 칼라 여성들은 어떻게 중산층을 기획하는가〉, 조주은 지음, 서해문집, 2013
〈혼자 산다는 것에 대하여 : 고독한 사람들의 사회학〉, 노명우 지음, 사월의책, 2013
〈우리는 가족일까? : 각자의 가족, 10가지 이야기〉, 몸문화연구소 엮음, 은행나무, 2014
〈가족 이후에 무엇이 오는가〉, 엘리자베트 벡 게른사임 지음, 박은주 옮김, 새물결, 2005
〈가족 이야기는 어떻게 만들어지는가〉, 권명아 지음, 책세상, 2000
〈아는 만큼 행복이 커지는 가족의 심리학〉, 토니 험프리스 지음, 다산초당, 2006
〈나는 더 이상 당신의 가족이 아니다 : 사랑하지만 벗어나고 싶은 우리 시대 가족의 심리학〉, 한기연 지음, 씨네21북스, 2012
〈위험에 처한 세계와 가족의 미래〉, 울리히 벡 · 엘리자베트 벡 게른사임 지음, 심영희 · 한상진 엮어 옮김, 새물결, 2010
〈인권을 외치다〉, 류은숙 지음, 푸른숲, 2009

프로그램 자문 및 도움

강신주 박사(철학 박사)
김경일 교수(아주대 심리학과)
김민정 연구교수(가천대 세살마을연구원)
김은정 교수(덕성여대 사회학과)
까뜨린느 바니애 박사(프랑수아즈 돌토 협회, 유아정식분석학)
노명우 교수(아주대 사회학과)
박임전 교수(숙명여대 프랑스언어문화학과)
봉원덕 교수(경희대 국제교육원)
성은현 교수(호서대 유아교육과)
염유식 교수(연세대 사회학과)
이경식 박사(가정의학과 전문의)
이방실 연구교수(가천대 세살마을연구원)
이응철 교수(덕성여대 문화인류학과)
이정은 연구원(가천대 세살마을연구원)
장경섭 교수(서울대 사회학과)
정미라 교수(가천대 세살마을연구원)
정윤경 교수(가톨릭대학교 심리학과)
조한혜정 교수(연세대 문화인류학과)
조희연 교수(한양사이버대학교 아동학과)
최인철 교수(서울대 심리학과)
프레데릭 퀴지니에 박사(전 파리 10대학 교수, 교육심리학)
한경혜 교수(서울대 아동가족학과)
함인희 교수(이화여대 사회학과)

프로그램 제작진

기획 | 추덕담
연출 | 김광호 김훈석 박은미
프리피디 | 손승원
취재피디 | 윤기성 명창식 임동현 최홍석 김경민
글/구성 | 김미지 김미수 조미진
취재작가 | 천혜진 정혜경 이다영 윤남정
조연출 | 권주희 김민지 정다혜 유태환
촬영감독 | 황경선 박혜순 최일권
촬영보 | 박민서 김택수
지미집 | 스톰프로덕션
동시 녹음 | 프리사운드
조명 | 준조명
VJ | 안상민 배규상 명재권 최재영 한태홍 이석현 이주현
편집감독 | 강남수 박남일 조선행 홍대용 정연도 김진호
외부 녹음 및 믹싱 | 파피스 스튜디오
특수 편집 | 한명진
색 보정 | 김태진 고주진 김호식
외부 편집 | 양스마일 픽쳐스
차량 지원 | 양준호
행정 | 정봉식 박영수 박선아
음악 | 이미성 이승진
효과 | 이용문
타이틀체 | 김유라
타이틀 제작 | 정동욱
컴퓨터 그래픽 | 윤영원 최지영 서보창 이태림
내레이션 | 이은미 장현성 김지호 장기하 한예리 은정 이명행
홍보 | 서동원 박태규
사진 | 장종호
콘텐츠 | 큐레이션 김희정
홈페이지 | 이금규
세트 디자인 | 최원석
세트 | 이기남 방원석 이진호
소품 | 노은주 서상석 이희신 주우영
문자 그래픽 | 최범석 김영창 김남시 이민정 류희경 최기화 김윤경
기술 지원 | 정보라

**도움과 자문 및 촬영에 협조해주시고
출연해주신 모든 분들에게 진심으로 감사드립니다.**

EBS 다큐프라임 특별기획

가족 쇼크 : 한집에 산다고 가족일까?

초판 1쇄 2015년 11월 25일 | **초판 6쇄** 2019년 12월 1일

기획 EBS 미디어

지은이 EBS 〈가족 쇼크〉 제작팀

글 이현주

펴낸이 이주애, 홍영완

책임편집 장정민

펴낸곳 (주)윌북

출판등록 제2006-00007호

주소 413-120 경기도 파주시 회동길 209

전자우편 willbook@naver.com

블로그 blog.naver.com/willbooks

페이스북 facebook.com/willbooks

전화 031-955-3777

팩스 031-955-3778

ISBN 979-11-5581-067-5 (13590)